文化ファッション大系
アパレル生産講座 ⑮

工業ニット

文化服装学院編

序

　文化服装学院は今まで『文化服装講座』、それを新しくした『文化ファッション講座』をテキストとしてきました。

　1980年頃からファッション産業の専門職育成のためのカリキュラム改定に取り組んできた結果、各分野の授業に密着した内容の、専門的で細分化されたテキストの必要性を感じ、このほど『文化ファッション大系』という形で内容を一新することになりました。

　それぞれの分野は次の五つの講座からなっております。

　「服飾造形講座」は、広く服飾類の専門的な知識・技術を教育するもので、広い分野での人材育成のための講座といえます。

　「アパレル生産講座」は、アパレル産業に対応する専門家の育成講座であり、テキスタイルデザイナー、マーチャンダイザー、アパレルデザイナー、パタンナー、生産管理者などの専門家を育成するための講座といえます。

　「ファッション流通講座」は、ファッションの流通分野で、専門化しつつあるスタイリスト、バイヤー、ファッションアドバイザー、ディスプレイデザイナーなど各種ファッションビジネスの専門職育成のための講座といえます。

　それに以上の3講座に関連しながら、それらの基礎ともなる、色彩、デザイン画、ファッション史、素材のことなどを学ぶ「服飾関連専門講座」、トータルファッションを考えるうえで重要な要素となる、帽子、バッグ、シューズ、ジュエリーアクセサリーなどの専門的な知識と技術を修得する「ファッション工芸講座」の五つの講座を骨子としています。

　このテキストが属する「アパレル生産講座」は、アパレル製造業が基本的に、企画、製造、営業・販売の三つの大きな専門部門で構成されているのに応じて、アパレルマーチャンダイジング編、テキスタイルデザイン編、アパレルデザイン編、ニットデザイン編、アパレル生産技術編などの講座に分かれています。それぞれの講座で学ぶ内容がそのまま、アパレル製造業の専門部門のスペシャリスト育成を目的としているわけです。

　いずれにしても服を生産することは、商品を創ることに他なりません。その意識のもと、基礎知識の修得から、職能に応じての専門的な知識や技術を、ケーススタディを含めて、スペシャリストになるべく学んでいただきたいものです。

目次 工業ニット

序…………………3
はじめに……………8

第1章 ニットアパレルの構造と動向…………9

1 ニットアパレル製造業界…………10
2 ニット主要産地とその現状…………10
3 ニットアパレルと製品…………12
1) ニットアパレル商品の種類…………12
2) 代表的なニットウェアアイテム…………12
3) ニット製品の編成と作成方法…………12

第2章 ニットの概要……………15

1 ニットとは…………16
1) ニットの由来…………16
2) ニットの組織と特性…………16
3) 編目の構造と編成原理…………16
4) ニットの三原組織…………18
5) 編地の方向…………18
6) ニットの特性…………19
7) 織物とニットの違い…………19

2 編機の種類…………19
1) 横編機（flat knitting machine）…………20
2) 丸編機（circular knitting machine）…………22
3) 経編機（warp knitting machine）…………23

3 ゲージ…………24
1) 編機のゲージ…………24
2) 糸の太さと編機の適正ゲージ…………25

第3章 ニットの編成方法 ……………………………… 27

1 針の種類と針配列 …………………………………… 28
1) 針の種類 …………………………………… 28
2) 針配列 ……………………………………… 29

2 編成原理 …………………………………………… 30
1) 編成の3要素 ……………………………… 30
2) 目移しと振り ……………………………… 31

第4章 ニットの素材 …………………………………… 33

1 繊維素材 …………………………………………… 34
1) 繊維の分類 ………………………………… 34
2) 天然繊維 …………………………………… 35
3) 化学繊維 …………………………………… 41
4) 繊維の略号 ………………………………… 42

2 糸素材 ……………………………………………… 43
1) 繊維の混用 ………………………………… 43
2) 糸の製造方法による分類 ………………… 43
3) 糸の構成 …………………………………… 44
4) 糸の太さ …………………………………… 44
5) 糸の製品形態 ……………………………… 47
6) 糸の形状と加工 …………………………… 48

第5章 手横機 …………………………………………… 51

1 横編機の概略 ……………………………………… 52

2 横編機の種類 ……………………………………… 52

3 手横機のゲージ …………………………………… 52

4 手横機の基礎構造 ………………………………… 52
1) 機台（フレーム） ………………………… 53
2) 針床（NB） ………………………………… 53
3) キャリッジ ………………………………… 54
4) カム機構 …………………………………… 54
5) 振り装置 …………………………………… 55
6) 導糸装置（ヤーンガイド） ……………… 56
7) べら針 ……………………………………… 56

第6章 コンピュータニット　57

1 コンピュータニットのシステム　58
　1) 大まかな作業は4工程　58

2 編機の機種名　58

3 編機各部の名称と機能　59

4 ニットCADシステム　60
　1) デザインシステムの主な機能　61
　2) 編地と色番号　61
　3) 色番号表　62
　4) オプションライン機能一覧表　63
　5) 編成データの種類　64

5 成型編　64
　1) 成型編の主なテクニック　65
　2) 成型編の設計　66
　3) コンピュータ横編機での成型柄作成　68

6 ホールガーメント®　71
　1) ホールガーメント®製品のメリット　71
　2) ホールガーメント®対応横編機　72

7 ループシミュレーション　72
　1) ループシミュレーション作成の流れ　73

8 コンピュータニットの現状と今後　74

第7章 編地と組織　75

1 組織の表示方法　76
　1) 組織図の種類　76

2 編地の種類　77

第8章 ニットの縫製　93

1 ニットの縫製　94
　1) ミシン縫製とリンキング　94
　2) ミシン縫製　94

2 工業用ミシンの種類……………………………………95
1) 一本針本縫いミシン……………………………95
2) オーバーロックミシン…………………………95
3) 裾引きミシン（天地引き）……………………95
4) 環縫いミシン……………………………………96
5) その他……………………………………………97
6) ボタンホール用ミシン…………………………98

3 ミシン糸と付属品………………………………………98
1) スピンテープ……………………………………98
2) ミシン糸…………………………………………98
3) ウーリー糸………………………………………98

4 ミシン針…………………………………………………99

5 リンキングの概論……………………………………100
1) リンキング縫製の特徴………………………100
2) リンキングの用途……………………………101
3) リンキングミシンの種類……………………101
4) リンキング縫製の種類………………………102

6 リンキングの代表作例………………………………104
1) ネックラインの代表作例……………………104
2) 衿の代表作例…………………………………106
3) カフスの代表作例……………………………108
4) ポケットの代表作例…………………………109
5) 飾りパーツの代表作例………………………110

第9章 ニット製品のまとめと仕上げ…………111

1 染色・加工……………………………………………112
1) 染色……………………………………………112
2) 加工……………………………………………112

2 整理・仕上げ…………………………………………113
1) 整理仕上げの目的と概要……………………113

3 品質および品質管理と検品…………………………114
1) 品質および品質管理と検品…………………114
2) 検品の採寸と検品……………………………117
3) 製品のクレームと品質表示…………………122

はじめに

　今やニット製品は、アパレルの中でも欠くことのできないアイテムとして常に注目されており、アパレルメーカーでもニットの知識や技術を持った人材が嘱望されています。

　ひと言でニット製品といってもその種類は多様です。編み方ひとつをとってみても、Tシャツには丸編、プルオーバーには横編、水着には経編と、製品の種類によって異なり、それぞれに特徴があります。本書では、これらのニット全般を幅広く取り上げつつ、工業ニットの中でもプルオーバーやカーディガンをはじめとした多くのアイテムに利用されている横編を中心に、必要な知識や技術を説明しています。

　横編による製品の製造には、指示書が必要となります。一本の糸から一着のアイテムとして完成させるまでには、指示書をとおして、いくつもの工程の中、何人もの人の手に委ねなければなりません。よりよい製品の生産には適切な指示書を作成することが求められます。そのためには、素材や編地の知識、縫製方法から仕上げ加工までニット生産に関わるすべての専門的な知識や技術に通じていることが大切です。

　ニット製品の品質は工場の技術に負うところが大きいのが現状です。しかし、オリジナリティのある本当に魅力的な製品を作るためには、工場の技術者と対等に話し合い、製造の指示も含め、製品の意図を適切に伝えることができなければなりません。そのためには、ニットやその生産に関するさまざまな知識が不可欠であり、本書の目的もそこにあります。

　本書は、多くのメーカーのご協力のもと、工場で製造される編地や実際に稼働する機械など、ニット生産に関するさまざまな写真や、イラストを使用しながら解説しています。この一冊が、これからニットアパレルを学ぼうとする多くの人に役立ち、ニット産業はもとよりアパレル産業全体の発展につながることを願っています。

第1章
ニットアパレルの構造と動向

1 ニットアパレル製造業界

ニットアパレル製造業界は、横編・丸編・経編業界に大別される。

丸編

ウルトラファインゲージ編機によるジャージー生地が多く、布帛製品と同様、主にカット＆ソーンで製品化し、生地での卸販売が主流である。インナーウェア（肌着・Tシャツ・スポーツウェアなど）では編み立てから縫製までを一貫工場で製造することが多い。

経編

縫製を必要としないマフラーやストールなどの一部製品を除き、ほぼ丸編と同様で、生地での卸販売が主流である。

横編

いわゆるセーター製品であり、基本的に編み出しリブから編み続きで編み立てできる。その縫製には特に衿付けに使われるリンキングマシンを使用するなど、布帛製品と違った工程で製品化するという特殊性から、主に横編専業の一貫工場にて製造する。

製造工程の違いにより横編と丸編両方を製造する工場は非常に少ない。

2 ニット主要産地とその現状

山形県

戦後、編機メーカーが山形県に数社あった関係から、早い段階から自動編機化が進み、横編レディースニットを中心にコンピュータ編機による多品種小ロット生産に対応したきめ細かい生産ができる。

福島県

バルキーニットで有名になった産地であるが、現在はミドルゲージ、ハイゲージにも強く、高級婦人物を得意とする。

群馬県・栃木県

桐生・足利地区では経編の中小企業が中心で、織物で有名な土地柄から、小物や布帛製品との組合せに使うパーツ使いの編み立てが多い。太田地区では横編のカジュアルセーターが中心であったが、近年東京産地の縮小により都心に近いという利点から、多様な製品、特に無縫製編機による製造の割合が大きくなってきている。

東京都・千葉県

墨田地区を中心に、中小規模の企業が多く各工程が分業化されているので、多品種小ロット生産に向いている。特に丸編・カット＆ソーン製品の比率は高い。国内生産比率は縮小傾向にあるが、中国委託生産や企画提案による受注生産などの形態で生産を行なう企業が増えてきている。

新潟県

日本を代表する横編産地。五泉・見附地区を中心に大手工場が数多く点在しており、中国生産の増加による影響は大きいが、近年では大手アパレルや商社との直接契約工場としての役割を果たしている。

山梨県・長野県

横編ベビー服、無縫製ニット、自社ブランド展開などの製造に独自のノウハウをもった企業が多い。

北陸地方

丸編・経編のベビー服や、大手製造卸売メーカーによるスポーツウェアの生産が有名で、中国生産企業とのパイプも太い。

大阪府

泉州地区を中心に、横編ゴム地やミラノリブのカット＆ソーン製品が多かったが、無縫製ニットによる製品も増えてきている。

和歌山県

日本を代表する丸編産地。国内需要の低迷に伴い、産地商品のブランド化なども進めている。

四国地方

自動横編機による軍手・手袋の生産が主で、コンピュータ手袋編機の積極的な導入により、より多様な製品作りにも対応できるようになってきている。

中国

元来、丸編・経編に比べると生産効率の低い横編によるニットアパレル製品の製造は、中国生産が主流となっており、現状では日本国内販売向けの製品の97％程度が中国で生産されている。

中国では、安価な人件費と、豊富な人材を利用しての手動横編機（手横機）や棒針編み、かぎ針編みによる生産が主流であるが、近年ではコンピュータ横編機の導入も進んできている。

一方、日本国内での生産はコンピュータ自動横編機によるものが主流であり、現状では、手横機による大ロット生産は中国、手横機では効率の上がらない編地や多品種小ロットの製品は国内生産という形で使い分けがなされている。

今後の展望と対応

近年、自動横編機のコンピュータ制御化や、機械の開発・改良により、丸編機でも編み出しやヘム状態に編み立てできるもの、横編機では縫製工程が不要な無縫製編機や1台で多様なゲージ風合いの編み立てがで

きる編機など、多様化している。編機のみならず、ニット業界における仕事の形態もボーダーレス化が見られる。

例えば、セーター専門だった工場が帽子や手袋などの小物を組み合わせて編み立てることでコーディネイトの幅を広げたり、丸編メーカーが横編を手がけたり、製造メーカーが企画や販売を行なうなどが挙げられる。

また国内外問わずニット産地の特色もボーダーレス化の傾向にあり、多くの産地で多様化が進んでいる。国内のニット製造業の生き残りにかけては、永年のニットの物作りのノウハウや技術力の伝承と、多様化するニーズに順応できるマーケティング力や受け身から提案型への変化など、積極的な対応が求められる。今後のニットアパレル製品の企画に対しては、それぞれの役割と特徴を理解し、よりコストパフォーマンスを重視しつつも、新しい技術や手法も積極的に試していくことがより重要であろう。

日本国内のニット主要産地とその主要生産品種

山形　セーター
五泉・見附・加茂（新潟）セーター
富山　カット＆ソーン
保原・梁川（福島）セーター
太田（群馬）セーター
足利（栃木）、桐生（群馬）　経編生地
東京、千葉　セーター、カット＆ソーン、丸編生地
甲府（山梨）、諏訪（長野）セーター
香川　手袋
泉州（大阪）セーター、カット＆ソーン
和歌山、奈良　丸編生地、靴下

中国のニット工場

第1章　ニットアパレルの構造と動向　11

3 ニットアパレルと製品
1) ニットアパレル商品の種類

現在、アパレルの中で、ニット製品の占める割合は年々増えている。特にアウターウェアでは、以前は布帛の分野だったスーツやドレス類にもニットが多用されるようになってきている。アパレル以外でも、インテリア、テキスタイル、医療品、産業資材などにも使われ、織物とは異なるニットの特性を生かして用途の幅が広がってきている。

セーター、カーディガンなどのアウターウェア、マフラー、帽子などは横編地が多く使われている。肌着、Tシャツ、ニットシャツ、運動着などは丸編地が多い。女性下着類、ネット、カーテン、内装材などは経編地が多い。

ニットの分類表

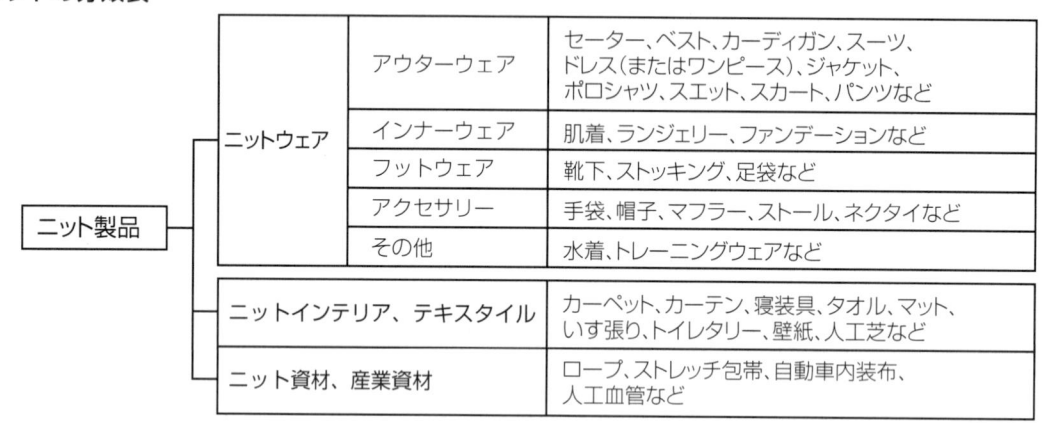

ニット製品	ニットウェア	
	アウターウェア	セーター、ベスト、カーディガン、スーツ、ドレス（またはワンピース）、ジャケット、ポロシャツ、スエット、スカート、パンツなど
	インナーウェア	肌着、ランジェリー、ファンデーションなど
	フットウェア	靴下、ストッキング、足袋など
	アクセサリー	手袋、帽子、マフラー、ストール、ネクタイなど
	その他	水着、トレーニングウェアなど
	ニットインテリア、テキスタイル	カーペット、カーテン、寝装具、タオル、マット、いす張り、トイレタリー、壁紙、人工芝など
	ニット資材、産業資材	ロープ、ストレッチ包帯、自動車内装布、人工血管など

2) 代表的なニットウェアアイテム

ニットウェアにはアウターウェアとインナーウェアなどがあり、アウターウェアのことをニットアウターとも呼ぶ。インナーウェアのことをアンダーウェアと呼ぶこともある。ニットウェアのアイテムには次のようなものがある。

①セーター類（プルオーバー）

セーターという言葉はスエット（sweat）からきたものとされている。スエットとは汗をかく、という意味があり、もともとはスポーツ着として汗取り用に用いられた。現在、セーターは一般的にプルオーバー型のものをさす。プルオーバーは頭からかぶるタイプのセーターなどをさす。プルオーバーには、丸首（ラウンドネック）やVネック、タートルネックなどがある。なお、広い意味ではセーター類にはベストやカーディガンも含まれる。セーターの起源は、フィッシャーマンセーターとされている。

②カーディガン

1854年のクリミア戦争で、英国人のカーディガン伯爵が軍服の上に保温の目的で用いた重ね着が起源とされている。カーディガンは通常前開きで、打合せはVネックやラウンドネックなどの衿ぐりがある。セーターと共に代表的なニット製品である。

③ベスト

袖なしの胴衣で、チョッキ、ウエストコート、ジレともいう。ベストにはかぶり式のプルベストと前開きのオープンベストがある。

3) ニット製品の編成と作成方法

ニット製品の編成方法は大きく5種類に分けることができる。編機の技術向上により、ニット製品の編成方法も生産性、効率、コスト、省力化、品質向上などの点で進化してきた。

①カット＆ソーン（cut & sewn）
(13ページ、図1参照)

「流し編」や「ジャージー」と呼ばれる反物の編地を、ニット製品を作るために必要なパーツ（前身頃、後ろ身頃、両袖）を裁断（cut）し、縫製（sewn）して作った製品のことをいう。初期の自動横編機ではこの方法が用いられることが多い。ニット編成後に縫製する労力が最も多く、時間とコストがかかる。カット後の余り生地がカットロスになってしまう欠点がある。カット＆ソーンの中でも横編の流し編では裾は編み出しそのままが利用されることが多い。丸編のジャージーでは裾上げの縫製をすることが多い。

図1 カット＆ソーン

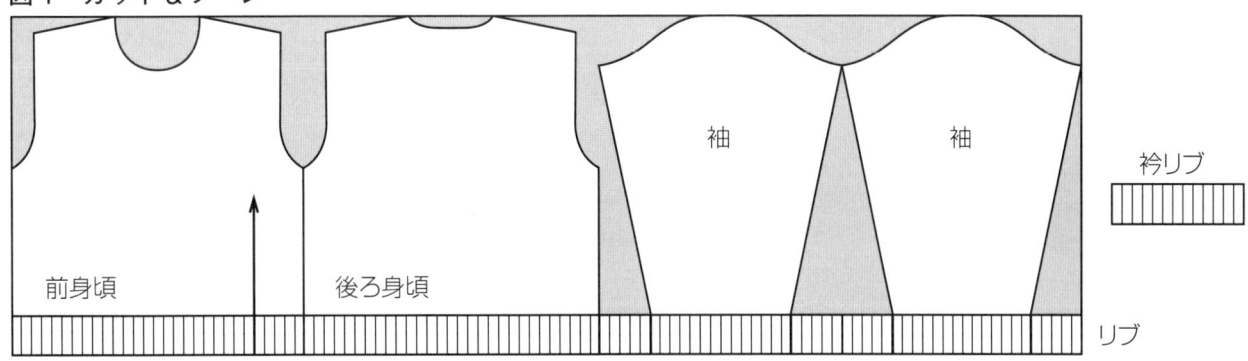

JIS（日本工業規格）では「成形」と表記しているが「成型」も使われる場合が多い。この教科書では「成型」で統一する。

②半成型編（半成形編）(half fashioning)

　身頃や袖の幅に合わせて編んだ編地の一部を、パターンに合わせてカットする。ダブルジャカードや複雑な柄のもの、パターンによっては形が出にくいものなどに利用される。

　成型編の利点とカット＆ソーン（流し編）の合理性それぞれの特徴を併せ持っている編み方である。

　編成方法は問わず裁断（カット）し、衿や前立てなどの付属編をリンキング付けしたものをカット＆リンキング（cut & linking）と呼び、区分する場合がある。

半成型編

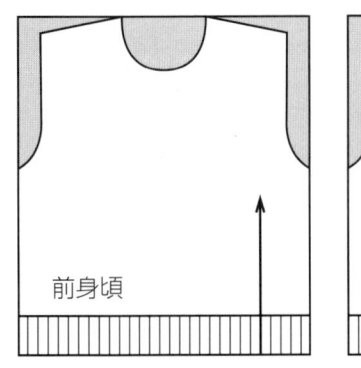

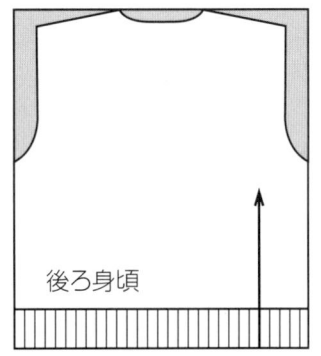

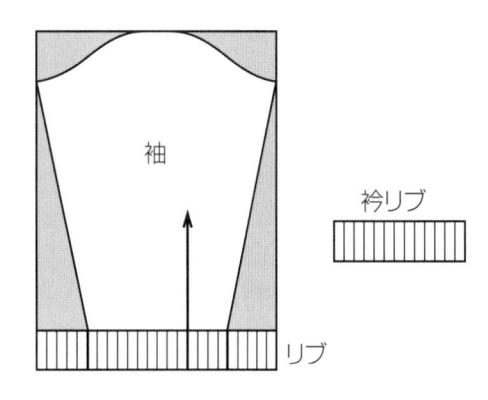

③成型編（成形編）(fashioning)

　ニットの編成方法やリンキング手法に熟練した技術を必要とするが、裁断箇所が少ないので原料のカットロスが少ない。成型編は「フルファッション」、「シェーピング」とも呼ばれる。ニット製品を作るために必要なパーツ（前身頃、後ろ身頃、両袖）それぞれの形に型紙どおりに、編目を増減しながら、編成される。編み糸のロスが少なく、基本的には裁断工程は必要ないので、カットロスがなくなる。各パーツと付属品の縫製にはリンキング（伸縮性のある縫製ができる、ニット特有の機械）を使用する。工業用横編機では、手横機やフルファッション編機、コンピュータ横編機を使用して編み立てする。

成型編

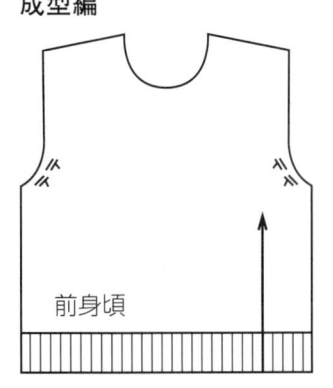

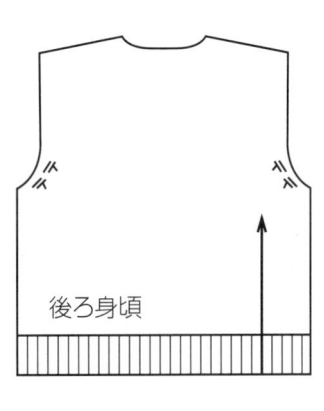

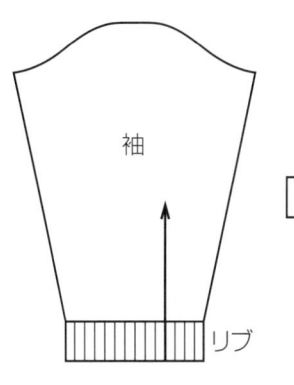

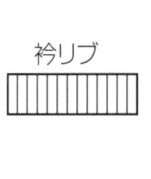

④インテグラルニット（integral knit）

インテグラルニットは、成型編と同様に各パーツは型紙どおりの形に編み上がる。さらに衿や前立て、ポケット、ボタンホールなどの付属を同時に編み込むことができる。身頃と同時に編み立てることでリンキングと縫製工程などの後工程の時間とコストを削減することができる。主にコンピュータ横編機を使用して編み立てる。

インテグラルニット

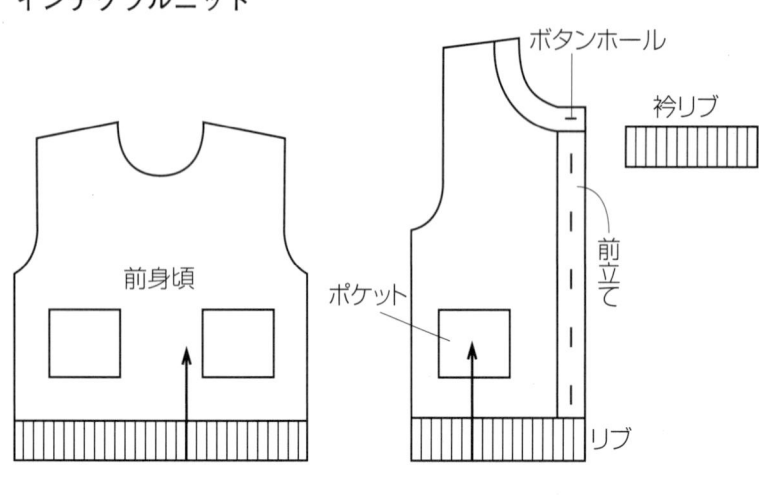

インテグラルニット製品の一部

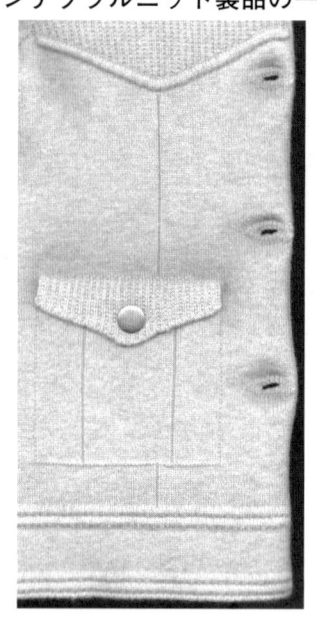

⑤無縫製編（whole garment）

無縫製編機では、これまでの身頃や袖のパーツをそれぞれ編んでから縫製を行なうという概念を覆し、縫製なしでニット製品を一着丸ごと立体的に編成することが可能になった。縫製工程をはぶくことにより、生産にかかる時間とコストを大幅に削減できる。糸も、一着編み上げるための量しか使わないのでカットロスがない。また、無縫製ニットはその構造から、縫い代のないシームレスで着心地が非常によい。

ホールガーメント®とは（株）島精機製作所（以後、文章中は島精機製作所と表記）が独自で開発した、世界初の無縫製ニット横編機によって編成された無縫製ニットウェアのことである。

無縫製編

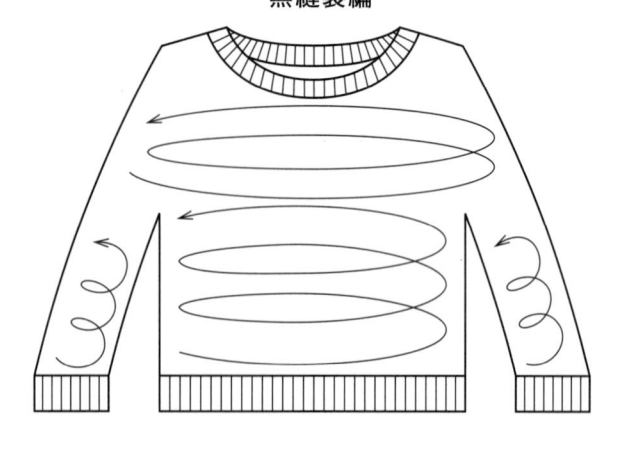

無縫製ニット

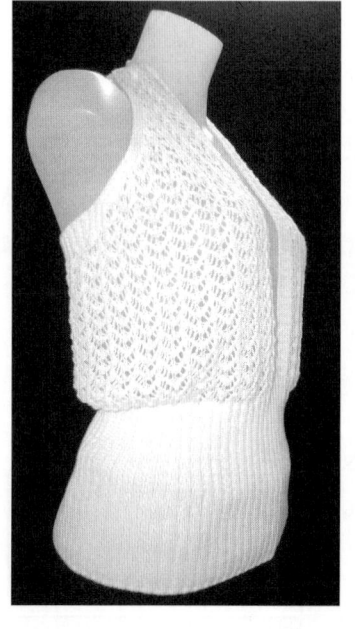

JISでは「○○編」と表記されるが俗称として「○○編み」と送り仮名を入れて使用する場合もある

14ページの写真提供　（株）島精機製作所

第2章
ニットの概要

1 ニットとは

ニットとは、「編む（knit）」という動詞であり、編み物の総称である。編み物は編目（ループ）が連続することによって作られる。

ニットで作られるすべての製品、すなわちニットグッズ（knit goods）のことを略して、単にニットともいう。

また、衣服のことをアパレルというが、ニットウェアのことをニットアパレル（knit apparel）と呼ぶことも多い。

ニットには素材、番手、ゲージ、編機の種類、編み組織、整理、加工によって各種さまざまな編地がある。これらの編地の知識に加え、製品作りにはニットの特性を生かしたパターンメーキングや縫製テクニックが必要となる。

1） ニットの由来

ニットは16世紀ごろから、日本ではメリヤスといわれていた。これはポルトガル語のメイアス（meias）、またはスペイン語のメディアス（medias）がなまったものである。これらの言葉はいずれも靴下の意味をもっているが、ニットが用いられ始めたころ、靴下がニット製品の主な商品であったことに関連している。

メリヤスの編地は伸縮性があるので、日本ではメリヤスを「莫大小」と書いていた。現在ではメリヤスはニットの総称として使われている。英語の「ニッティング（knitting）」という言葉は、サンスクリット語（梵語）の網や糸を織る、かごを編むといった意味をもつ「ナヤット（nahyat）」という言葉に語源があるといわれている。

2） ニットの組織と特性（手編みと工業機 編地の形態）

ニットはループ（編目）の連続によって構成され、編地を形成する。ニットはそのループの形成方向によって、緯編と経編に分類される。緯・経という言葉は地球の緯度、経度と同じ意味で、緯は横方向の線（水平方向の線）、経は縦方向の線（垂直方向の線）を表わすのでこの言葉が用いられるようになった。

緯編はループが横方向にできていく。さらに横編と丸編に分けられる。市場でのニット製品の多くが横編か丸編によって編まれている。

横編はニットウェアに多く使われる編地で、1本の糸を左右に往復して移動させる。そしてループを作り、編目を形成するので、成型が可能である。

丸編は円筒状に編地が形成される。編地は裁断・縫製され、カット＆ソーンやアンダーウェアなどに使用される。

経編はループが縦方向にできていく。

何本もの経糸を編針にかけ、縦方向に編地を形成する。編地が安定していて、インナーウェアやスポーツウェア、インテリアファブリックなどに用いられる。ただし成型はできないので裁断・縫製して使用する。

ニットの編成方法は、工業用編機によるものと、手編み（棒針編、かぎ針編、アフガン編、家庭用手編機）によるものがある。

ニットは編成方法、編機の種類、編地の形態によって、（17ページ、表1）のように分類される。

3） 編目の構造と編成原理

編目（ループ）にはニードルループとシンカーループがある。

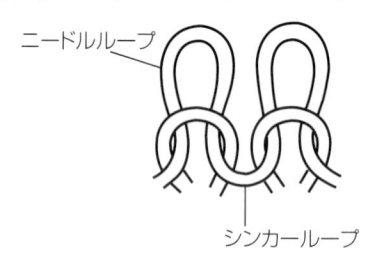

さらに、編目には表目と裏目がある。ループを作るときの、糸の引出し方の違いによって異なる。

表目は旧ループから手前側に引き出されているループのことを指し、裏目は旧ループから向こう側に引き出されているループのことを指す。

表目と裏目の配列パターン（方法）の違いによって三原組織、変化組織が生まれる。

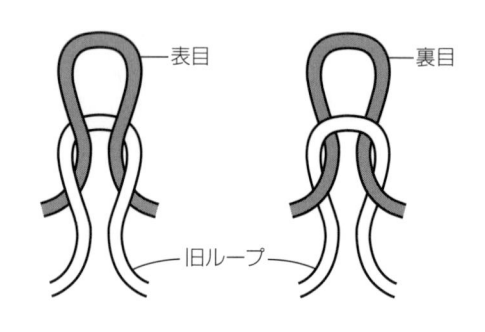

表1　主な編機と編地の形態

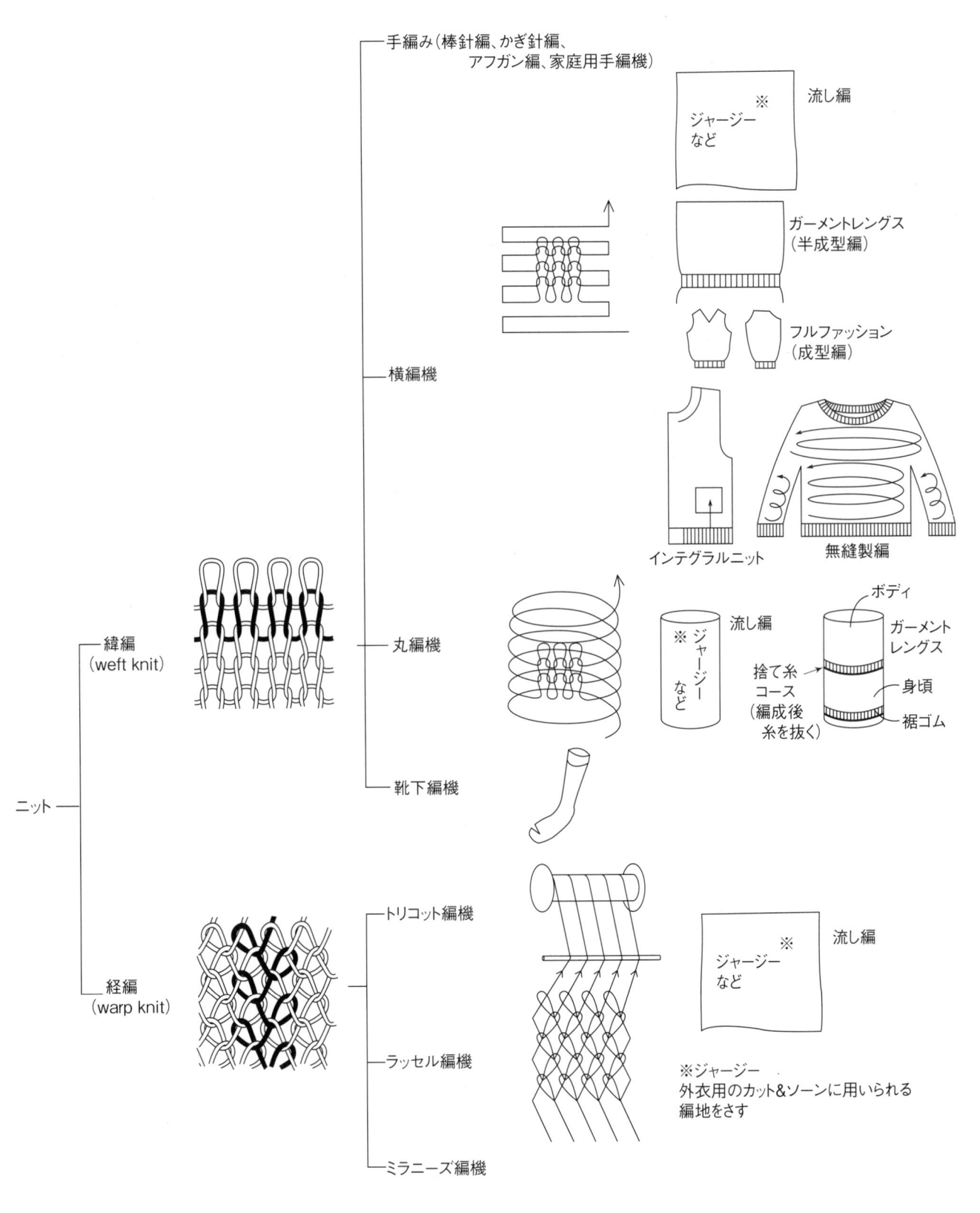

```
ニット ─┬─ 緯編 ─┬─ 手編み(棒針編、かぎ針編、アフガン編、家庭用手編機)
        │(weft knit)│
        │         ├─ 横編機 ─┬─ 流し編(ジャージーなど)※
        │         │         ├─ ガーメントレングス(半成型編)
        │         │         ├─ フルファッション(成型編)
        │         │         ├─ インテグラルニット
        │         │         └─ 無縫製編
        │         ├─ 丸編機 ─┬─ 流し編(ジャージーなど)※
        │         │         └─ ガーメントレングス
        │         │            (ボディ／身頃／捨て糸コース(編成後糸を抜く)／裾ゴム)
        │         └─ 靴下編機
        │
        └─ 経編 ─┬─ トリコット編機 ── 流し編(ジャージーなど)※
          (warp knit)├─ ラッセル編機
                    └─ ミラニーズ編機
```

※ジャージー
外衣用のカット&ソーンに用いられる編地をさす

第2章　ニットの概要　17

4) ニットの三原組織

横編の三原組織として平編、ゴム編、パール編がある。編地は三原組織を基本として、その変化組織からなっている。三原組織に両面編（スムース編）を加えて四原組織ということもある。

それぞれ平編はメリヤス編あるいは天竺、ゴム編はリブ編、パール編はガーター編とも呼ばれる。第3章で取り上げている「ニット」「タック」「ミス」「針抜き」「目移し」「振り」などの針や針床の特殊な運動、針や編目の配置および供給運動などを変えることによって、いろいろな変化組織を作ることができる。

	平編	ゴム編	パール編
編地			
編目組織図			
編成図			① ②
編目記号図（JIS記号図）			
特徴	一般に広く使われている編地。編地の表と裏が全く異なった編目になる。表は縦の編目が強調される。編み端が耳まくれを起こしやすい。	表目と裏目が縦方向に交互に繰り返される。横方向の伸縮性が大きい。表目が強調されて、表に浮き出る。	表目と裏目が横方向に1列ごとに交互に繰り返される。縦方向に伸縮性が大きい。裏目が強調されて表に浮き出る。
別名	メリヤス編 天竺	リブ編	ガーター編

5) 編地の方向

編地の横方向（X方向）をコース（course）、縦方向（Y方向）をウェール（wale）という。

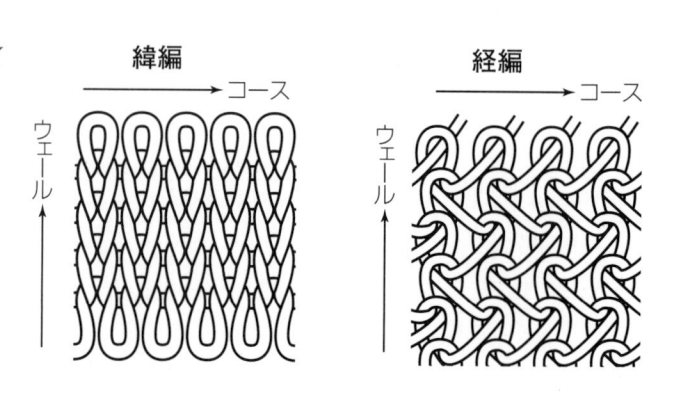

緯編　経編

6) ニットの特性

ニットは編目（ループ）のつながりによって作られ、織物にはない、いくつかの特性をもっている。

①伸縮性
ループのつながりで作られているため、編地を構成する糸は比較的自由な状態で、伸縮性がある。

伸びとともに縮んで、元の状態に戻る性質がある。

②保温性
ループのふくらみで含気性があるので、保温性に富む。一方では、通気性があるといえる。

③柔軟性
柔軟性に優れ、ソフトな肌触り、風合いがあり、着心地がよい。

④ドレープ性
ドレープ性に優れ、伸縮性があるため、身体にフィットする。

⑤成型（成形）可能
一定のパターンに合わせて編目を増減することにより、編み幅を変えて成型編をすることができる。

その他、ニットには耳まくれやラダリング、ピリング、斜行などの性質がある。

7) 織物とニットの違い

ニットは織物とは根本的に異なった構造をもっている。基本的な相違点は、織物が経糸と緯糸の交差によって1枚の布地を構成しているのに対し、ニットは糸のつながりによって編地が作られる点である。

このループは流動的であるため上記特性にも挙げられているように、伸縮性に配慮したパターン作成や、成型編の知識なども必要となる。

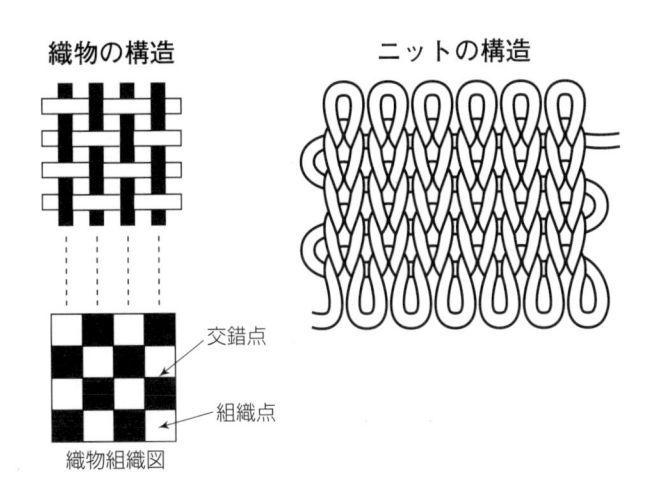

2 編機の種類

編機は編み方向の違いから、緯方向に編んでいく緯編機と経方向に編んでいく経編機に分けられ、さらに編むことのできる編地の種類や編成方法によって、表2のように分けられる。

緯編機には横編機、フルファッション編機、丸編機、靴下編機があり、経編機にはトリコット編機、ラッセル編機およびミラニーズ編機がある。

形状としては、平型と丸型があり、平型に属するものには横編機、フルファッション編機およびトリコット編機、ラッセル編機、丸型に属するものには丸編機、ミラニーズ編機がある。

衣料用として用いられる編地は丸編機で編まれたものの割合が多く、次いで横編機が多い。

近年は編機のコンピュータ化が進み、多機能で多様な編地が1台の編機で編成できるようになってきている。

表2 編機の種類

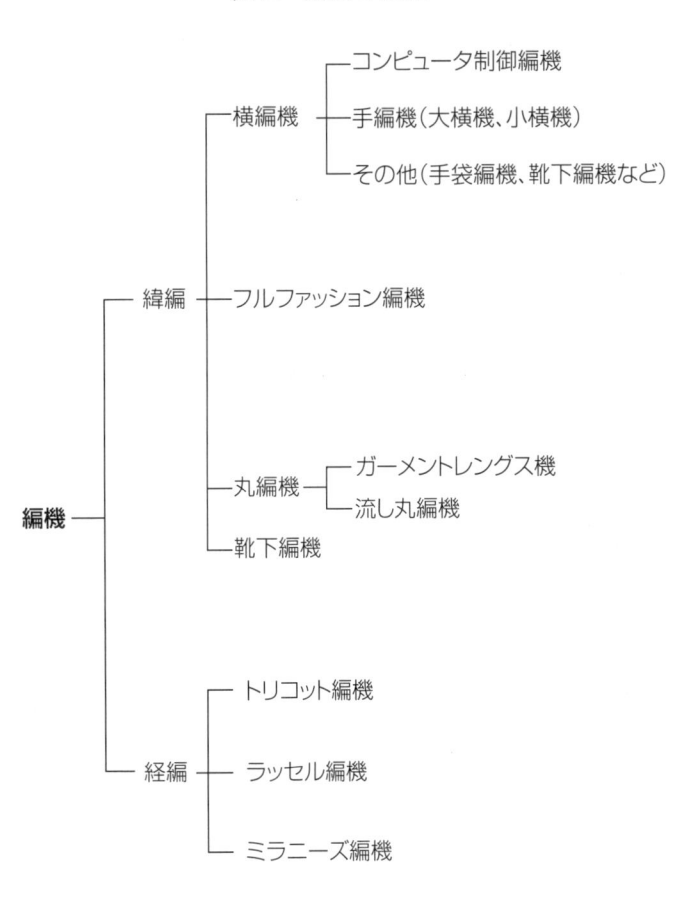

```
編機 ─┬─ 緯編 ─┬─ 横編機 ─┬─ コンピュータ制御編機
       │        │          ├─ 手編機（大横機、小横機）
       │        │          └─ その他（手袋編機、靴下編機など）
       │        ├─ フルファッション編機
       │        ├─ 丸編機 ─┬─ ガーメントレングス機
       │        │          └─ 流し丸編機
       │        └─ 靴下編機
       └─ 経編 ─┬─ トリコット編機
                ├─ ラッセル編機
                └─ ミラニーズ編機
```

1) 横編機 (flat knitting machine)

横方向に針床(ニードルベッド)が逆V字状に前後配置されている編機をいう。現在では2枚の逆V字状のニードルベッドにさらに2枚追加されて4枚ベッド構造の編機がある。

横編機では主として裾の編み出しからリブ付きで成型編された製品が編まれている。

現在国内のニット生産ではコンピュータによって編成が制御されているコンピュータ編機が主力となっている。しかし、日本へのニット輸出生産が多い中国などでは手動横編機(手横機)が多く使われている。手動横編機は、人件費の安い生産国においては有効である。また、工業用ではないが家庭用手編機(家庭機)も横編機に含まれる。手動横編機に関しては第5章で詳しく述べる。

針床に沿って編成カムをもつキャリッジが左右に往復運動を行ない、編地を編成する。大きく分けて流し編と成型編に分けられ、さらに成型編はインテグラルニット、無縫製ニットと進化している。コンピュータ横編機に関しては第6章で詳しく述べる。

コンピュータ制御横編機
(株)島精機製作所

手動横編機

コンピュータ制御横編機
ストールジャパン(株)

①手袋編機（glove knitting machine）

　手袋を効率よく編む小型の横編機をいう。5本指の手袋を編む場合には指を1本ずつ成型編で編成する。用途としてはファッション用・防寒用・作業用がある。

　指先の縫製作業が不要となったシームレス手袋は1970年に島精機製作所によって開発された。

手袋編機
(株)島精機製作所

手袋
(株)島精機製作所

②フルファッション編機
(full fashioned knitting machine)

　フルファッション編機は略してF. F編機や発明者の名前にちなんでコットン式編機ともいう。一つの編成単位を1セクションといい、4セクション～20セクションがある。

　8セクションの場合、同じ編地を8枚同時に編める。成型編が可能。ひげ針を使用したシングルニードルのものが多い。編機のゲージの呼称は1.5インチ間の針本数で表わしており、他の横編機と異なる。

　目移し柄などは編めるが、柄のバリエーションが限られている。コンピュータ制御編機の発展とともに、設置台数は少なくなっている。現在、国内においてほとんど稼動していない。

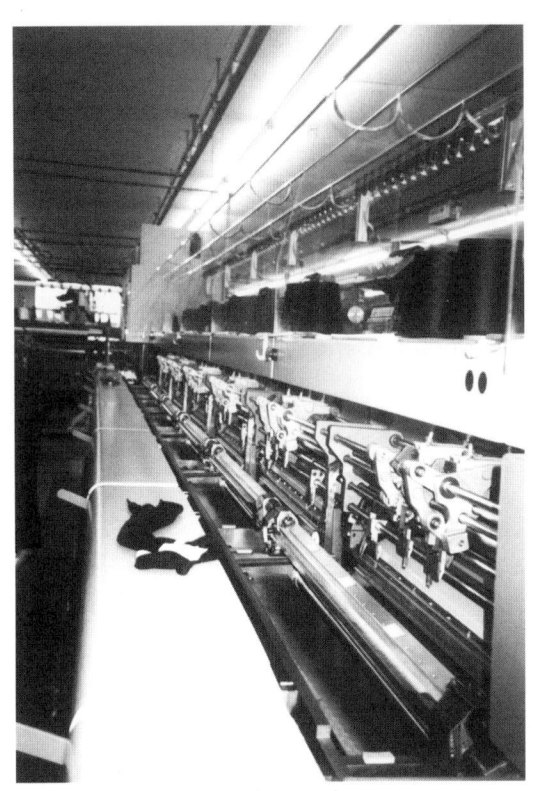

フルファッション編機
(株)セイノコーポレーション

2) 丸編機（circular knitting machine）

　丸編機は針床（針釜）が円筒（シリンダー）の形状をしていることから丸編機と呼ばれる。大別すると、流し丸編機、ガーメントレングス丸編機、靴下編機・ストッキング編機（小丸機）がある。シリンダーが回転しながら、べら針が上下運動を行ない、流し編で円筒状の編地を編成する。丸編機の針床形状は大きく分けてシングルシリンダー、ダイヤルシリンダー、ダブルシリンダーに分けられる。

　給糸口が36口以上と多いので、生産効率がよく、横編に比べ、ハイゲージの編成が可能となる。

　円筒状の編地は編機の円周の大きさによって幅が異なる。そのため、インナー（肌着）などはあらかじめ身幅に合わせた円周の編機が使われ、着丈に合わせて裁断、縫製される。

　丸編は通常、裾や袖口を裁断縫製する。裾や袖口を所定の長さで、止め編を入れながら連続編成するガーメントレングス機や、サントーニ社製（イタリア）の編機では裾上げ処理機能をもち、1枚のガーメントごとに編地が排出されるタイプもある。

丸編機
福原産業貿易（株）

伊サントーニ社製シームレス丸編機
（株）ヤマトコーポレーション

①吊編機 (sinker wheel frame)

　ひげ針を使用した流し丸編のシングルニードル機で、機械が一本のセンターシャフトで、梁に吊り下げられた編機をいう。歪みの少ない風合い豊かな編地が得られるが、ほかの丸編機に比べると給糸口が少ないので生産性が低いため、現在は稼動台数が少ない。

　ゲージの呼称は間で表わす。

吊編機
カネキチ工業（株）

②**丸編靴下編機（hosiery knitting machine）**

レッグウェアを作る編機で、靴下編機とストッキング編機に分けられる。いずれも筒状に編み、かかとやつま先を成型する。ストッキンング編機の中には筒状に編んだ編地を、後から熱セットすることでかかとを形作るものもある。

靴下編機
永田精機（株）

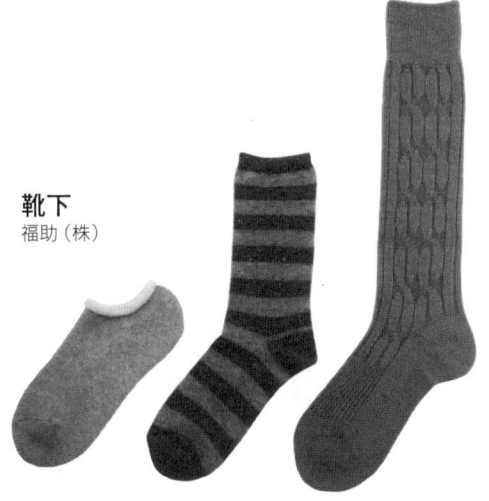

靴下
福助（株）

3) **経編機（warp knitting machine）**
経編機は織物と同様にたくさんの経糸を整経する。筬（おさ）にセットした経糸を導くためのヤーンガイドに糸を通し給糸させる。全幅の編針が一斉に上下し縦方向に編目を作り、ヤーンガイドが前後左右に動くことでいろいろな編目を編成させる編機である。

経編機にはトリコット編機、ラッセル（ラッシェル）編機、ミラニーズ編機がある。ただし、ミラニーズ編機は現在ほとんど稼動していない。従来、使用される針はトリコット編機はひげ針、ラッセル編機はべら針であったが、近年共に複合針（コンパウンドニードル）が使われ高速化が進んでいる。

一般にトリコット編機はゲージが細かく、無地編が多い。ラッセル編機はゲージが粗く筬の数が多いため、多種の変化編を作る。現在ほとんど稼動していないミラニーズ編機はバイヤスのチェック柄が編めるが、組織が一定で柄を変化させることはできない。

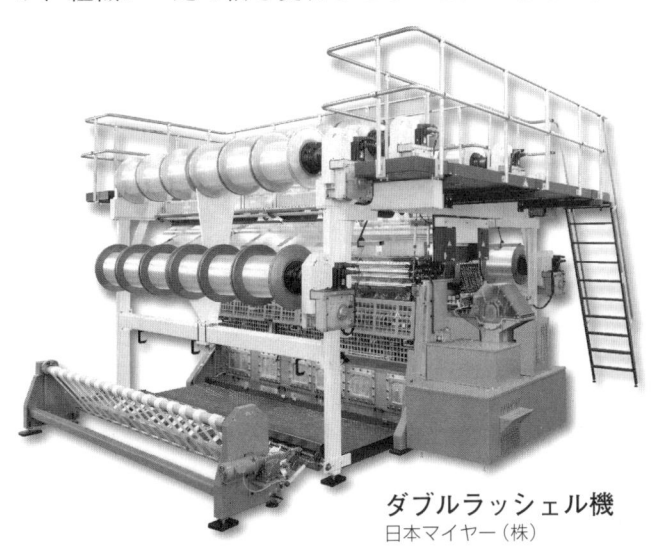

ダブルラッシェル機
日本マイヤー（株）

経編の編地

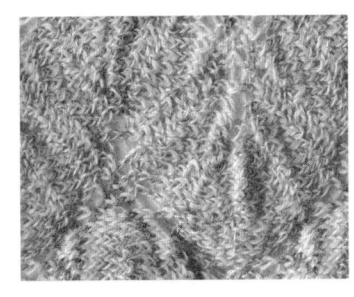

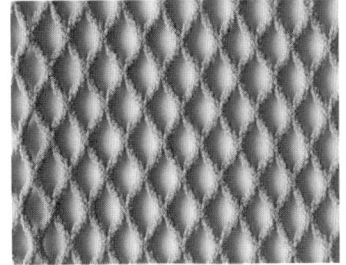

編地提供　下段左　日本マイヤー（株）
　　　　　他3点　中山メリヤス（株）

第2章　ニットの概要　23

3 ゲージ

1) 編機のゲージ

工業用編機におけるゲージとは通常、片側の針床(ニードルベッド)の1インチ(2.54cm)間に植えられている編針の本数(密度)で表わす。ただし、編機の機種によって異なる場合がある。

横編機、丸編機(吊編機を除く)、トリコット編機では1インチ間の針数、フルファッション編機では1.5インチ間の針数でゲージを表わす。ラッセル編機は2インチだが、1インチに換算する場合もある。丸編機のうちの吊編機ではゲージの代わりに間を用いて編針の密度を表わす。間にはフランス式とドイツ式があるが、日本では一般にフランス式基準を用いている。丸編機肌着用や靴下編機ではシリンダーの直径と総針数でゲージを表わすこともある。横編機の場合、1インチ間の針本数が7本であれば、7ゲージ(7G)になる。

数字が大きくなるほど、編目は密になり、逆に数字が小さくなると編目は粗くなる。1.5〜5ゲージをコースゲージ(coarse gauge)、ローゲージ(low gauge)、7〜10ゲージをミドルゲージ(middle gauge)、12〜16ゲージをファインゲージ(fine gauge)またはハイゲージ(high gauge)、18ゲージ以上をウルトラ(超)ファインゲージと呼ぶ。これらは編目の大きさを表わす言葉として定着しており、ニット製品の編地を表現する際に使われている。

編目の大きさは編機の機種や糸の種類、編み組織、針床に配列されている編針の間隔や大きさと、編目を作るときの糸の引き込み量などによって決まる。

基本的にゲージは針床を交換しない限り編機ごとに固定されているが、最新のコンピュータ編機では複数のゲージに対応できるものもある。

なお、手編みにおけるゲージの概念は工業用編機のゲージの概念と異なる。手編みの場合は編目の密度を10cm四方の目数と段数で表現し、これをゲージと呼んでいる。

名称	G	編地
ウルトラファインゲージ	18	
ハイゲージ(ファインゲージ)	16	
	14	
	12	
ミドルゲージ	10	
	7	
	5	
コースゲージ(ローゲージ)	3	
	1.5	

2) 糸の太さと編機の適正ゲージ

横編機のゲージに適合する糸の太さは、編機の機種や糸の種類、編地の組織などによっても変わるが、平編（天竺組織）を基準におおよそ、適正ゲージ≒メートル式糸番手の糸番手によって求めることができる。

ゲージに対する適合番手表

ゲージ	平編 トータル	平編 毛番手	ゴム編 トータル	ゴム編 毛番手	片畦編 トータル	片畦編 毛番手
18	30～36	2/60～2/72(1)	32～38	2/64～2/76(1)		
16	22～28	2/44～2/56(1)	28～32	2/56～2/64(1)	30～32	2/60～2/64(1)
14	16～20	2/28～2/36(1) 2/56～2/72(2)	22～24	2/44～2/48(1) 2/60～2/72(2)	26～28	2/52～2/56(1)
12	12～14	2/24～2/28(1) 2/46～2/56(2)	16～20	2/32～2/42(1) 2/56～2/72(2)	20～24	2/40～2/48(1)
10	8～10	2/17(1) 2/38～2/48(2)	12～14	2/24～2/28(1) 2/48～2/54(2)	14～18	2/28～2/36(1)
8	7～8	2/24～2/34(2)	8～12	2/20～2/24(1) 2/32～2/48(2)	10～14	2/28(1) 2/40(2)
7	5～7	1/5～1/6(1) 2/12～2/15(1) 2/20～2/28(2)	7～8	1/6(1) 2/12～2/14(1) 2/24～2/32(2)	8～9	2/32～2/36(2)
5	3～4	2/14～2/15(2) 2/20～2/24(3) 2/24～2/26(3～4)	4.5～5.5	2/20～2/24(2) 2/24～2/26(2～3) 2/32(3～4)	6～7	2/24～2/28(2)
3	2.5～3	2/10(2)、2/20(4) 2/24(4～5)、2/30(6)	3.5～4.5	2/20(3～4) 2/24(4～5)	5～6	2/24(2) 2/32(3)

第2章　ニットの概要

第3章
ニットの編成方法

1 針の種類と針配列
1) 針の種類

ニット機械用としての編針に、べら針（ラッチニードル）、複合針（コンパウンドニードル）、スライドニードル®、ひげ針、両頭針がある。べら針は1849年にイギリスのマシュー・タウンゼンドによって発明後、改良を重ねながら今日まで広く使用されている。開閉するべらをもった針であり、横編機、丸編機、ラッセル編機などに用いられる。成型や目移し柄などにおいて必要な目移し（トランスファー）を行なうために、羽根付きのものもある。ひげ針は1589年にイギリスのウイリアム・リーが発明したスプリング式のひげ状部をもった針であり、フルファッション編機、丸編機の中の吊編機、トリコット編機などに用いられる。べらをもたずにプレッサーで押さえて編目を生み出す。ここではべら針とひげ針の編成原理を表わす。両頭針はステムの両端の頭にべら針がついたものであり、主として丸編両頭機に用いられる。

編針の種類

べら針
（ラッチニードル）

複合針
（コンパウンドニードル）

スライドニードル

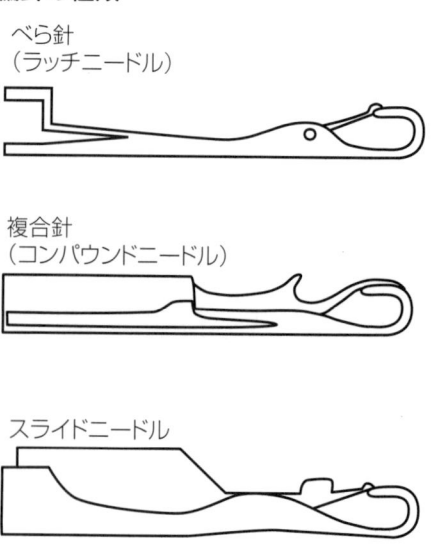

複合針は、べらの部分が開閉せずに、前後に動くスライダーをもった針をいう。主にローゲージのコンピュータ横編機やトリコット編機に使用される。従来のべら針よりも編成時の針のストロークが短く針と糸に負担が少ない（写真1）。結果として高速化も可能になる。

写真1　べら針と複合針のストロークの比較

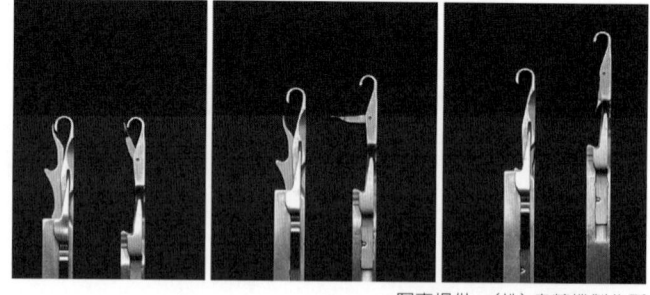

写真提供　（株）島精機製作所

スライドニードル®は1997年に島精機製作所が開発した針で、複合針をさらに進化させ、スライダー部分で目移しが可能になった。従来の目移しのための羽根が不要になり、複合針よりもさらに針のストロークが短くなった。

シンカーとは編目の形成・保持、ノックオーバーを助ける働きをもつ、針と針の間にある薄い鋼板をさす。立体的な編地を編むために、近年ではシンカーが独自に動く可動シンカーを搭載したコンピュータ横編機が増えている。

べら針の編成原理

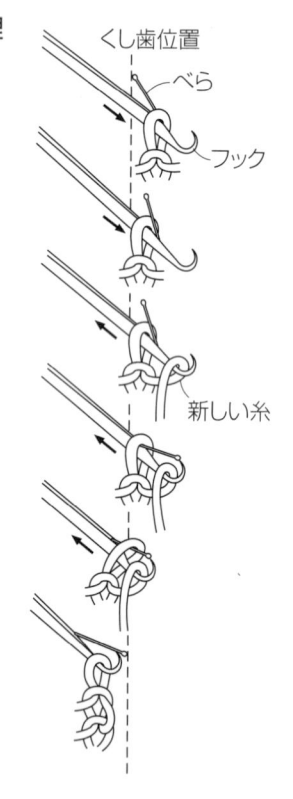

くし歯位置
べら
フック
新しい糸

ひげ針編成原理

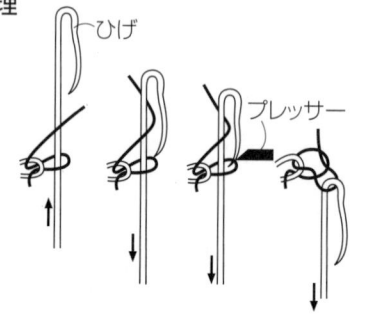

ひげ
プレッサー

2) 針配列

編機の針を配列する針立てには大きく分けて二つの"出合い"がある。

前後針床が互い違いのリブ（フライス）出合いと前後針床が突合せのスムース（両面、インターロック）出合いである。

針の出合い

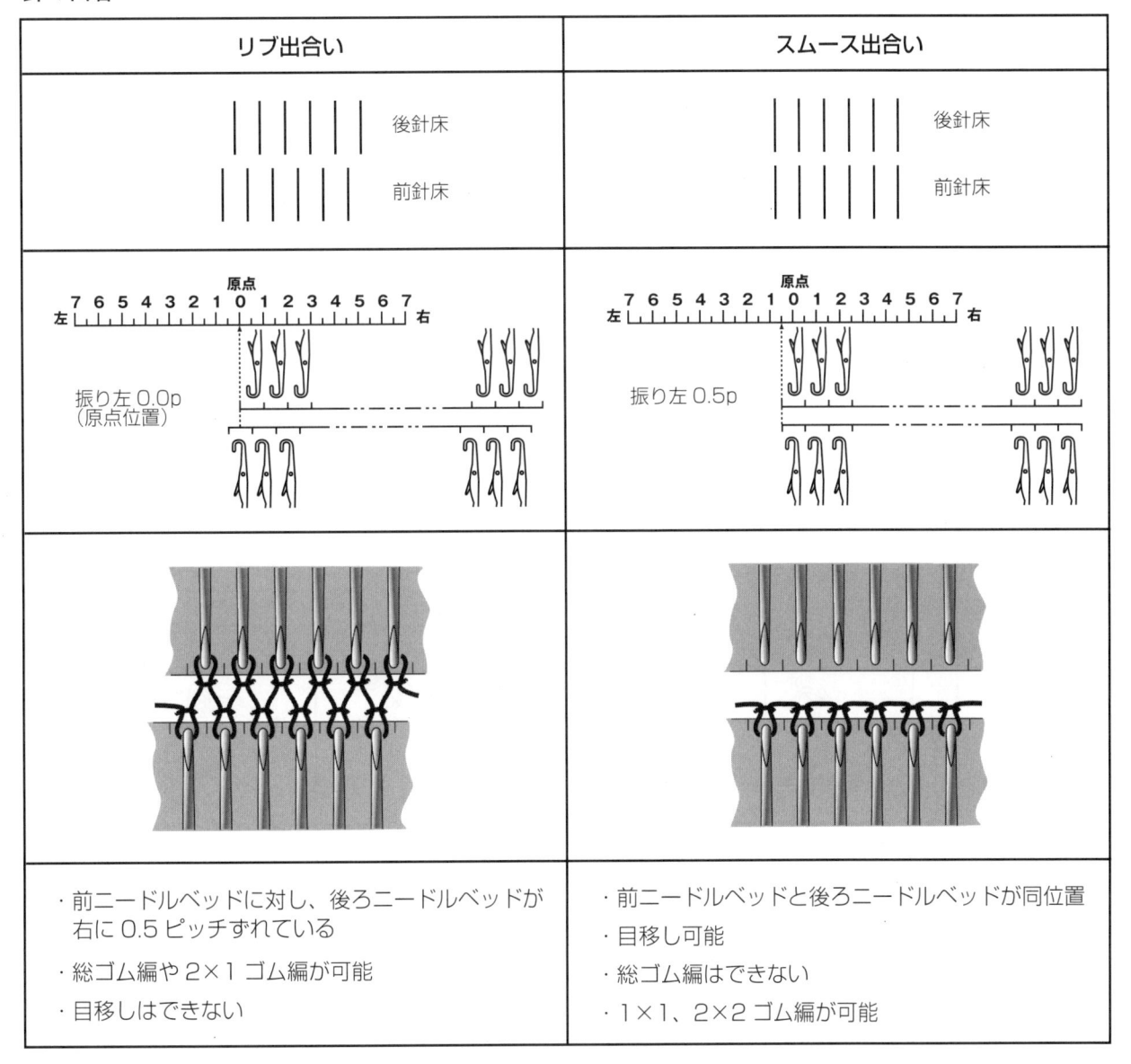

リブ出合い	スムース出合い
（後針床／前針床の図）	（後針床／前針床の図）
振り左 0.0p（原点位置） 7 6 5 4 3 2 1 0 1 2 3 4 5 6 7	振り左 0.5p 7 6 5 4 3 2 1 0 1 2 3 4 5 6 7
（編地図）	（編地図）
・前ニードルベッドに対し、後ろニードルベッドが右に0.5ピッチずれている ・総ゴム編や2×1ゴム編が可能 ・目移しはできない	・前ニードルベッドと後ろニードルベッドが同位置 ・目移し可能 ・総ゴム編はできない ・1×1、2×2ゴム編が可能

ここではリブ出合いの代表編地"総ゴム"とスムース出合いの代表編地"1×1リブ"の編成図を記す。

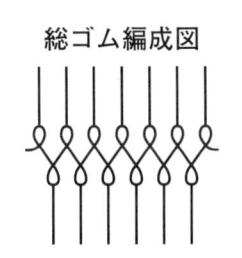

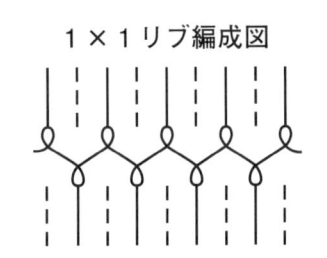

総ゴム編成図　　1×1リブ編成図

また、ニードルベッド（針床）がシングルかダブルかによって、それぞれシングルニードルベッド（片板）、ダブルニードルベッド（両板）ともいう。今日、コンピュータ編機では2面ベッド以上が主流となっている。

コンピュータ横編機では主に後ろニードルベッドが移動する。

後ろニードルベッドを基準に原点位置が定まり、左右何ピッチ（針）ずれるかで表わす。

第3章　ニットの編成方法　29

2 編成原理
1) 編成の3要素

編目の形成（編成）は、編針の編成動作によって行なわれる。工業用編機に使用される各種編針は、編目を的確に効率的に編成することができるよう、工夫されて開発されたものである。ここではべら針の動きについて説明する。編み組織を作るための編針の作動要素として、ニット・タック・ミスがある。図1はニット・タック・ミスの編成基本作動を示している。各編目を表わすために編成記号が用いられる。記号は日本工業規格（JIS）で定められており、編針と糸を給糸する状態を示している。

①ニット（knit）

基本編目の編成として編針がループを作ることをいう。旧ループから完全に抜けた状態（ノックオーバー）で新しい糸の供給を受けて、次の作動を行なうことによって編成する。

②タック（tuck）

タックは、手編み用語では「引上げ目」ともいう。タック山を作用させないで、針が途中のタックポジションまで上昇して糸をくわえる。編針のべらが旧ループを抜けきれていないので、下降してもノックオーバーすることができずタックの状態となる。

③ミス（miss）

ミスは「編まないこと」で、編針を部分的や一時的に不作動（糸がかからない位置）とする部分はループを作らないことであり、ウェルト（welt）ともいう。

ニットの三要素であるニット・タック・ミスと針抜き・目移し・振りなどの機械的操作を組み合わせることによって、多くの編地の変化組織を編成することができる。ニット・タック・ミス・目移しなどをそれぞれの編針に指示することを「選針」といい、この選針によって編み組織が変化してくる。

図1　編成の三要素

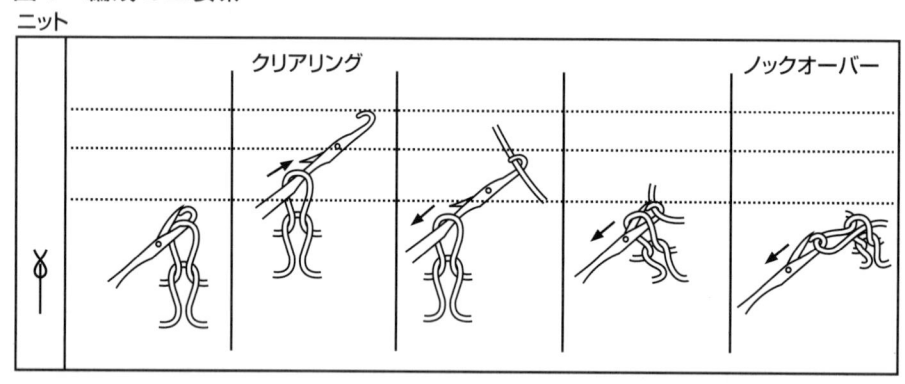

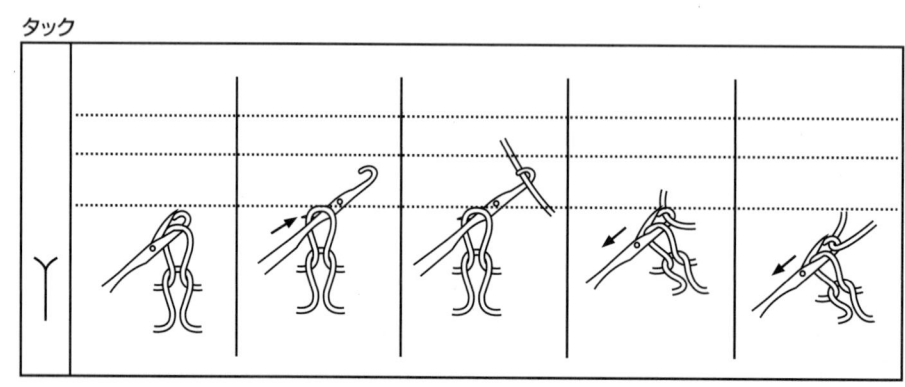

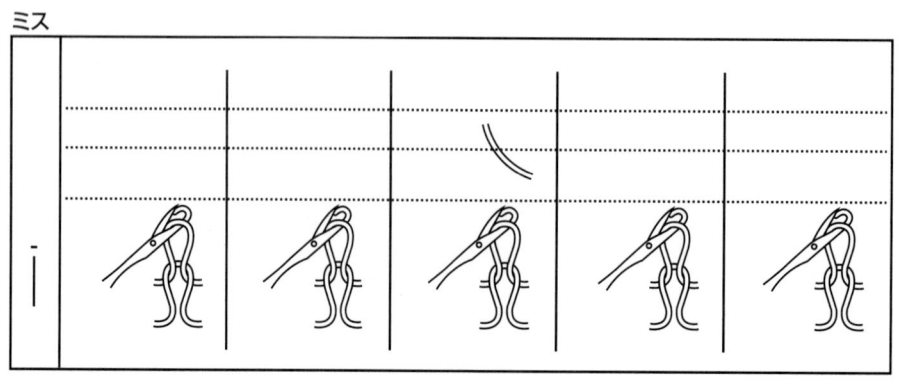

図2は横編機の場合のカム操作による、ニット・タック・ミスの説明図である。カムは針を上昇と下降させて編成動作を行なう。カム内部の編針の通る位置によってニット・タック・ミスに分けられる。この組合せによってさまざまな編地を編むことができる。

　度山とは編目を作るために、針を押し下げるカムをいう。度山は上下に可動し、ニットとタックでは作られたループを下に引き込んで編目を形成する。編目の大きさを度目といい、度山を下に下げるほど、度目は粗くなる。また、下がり方が少なければ度目はつまる。

図2　カムと針の関係

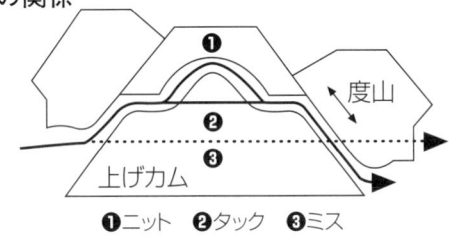

❶ニット　❷タック　❸ミス

2）目移しと振り
①編目の移動（目移し・transfer）

　目移しとは編目を他の編針に移動することをいう。目移しは、目移し針や針の羽根などによって左右の編針に目を移す場合と、前後の針床の編針に移す場合がある。またパール編やリンクス編などの表目を裏目に返す場合や、編目の交差によるケーブルや寄せ目によるレース、成型編の増減などにも使われる。

成型編の増減

レース編

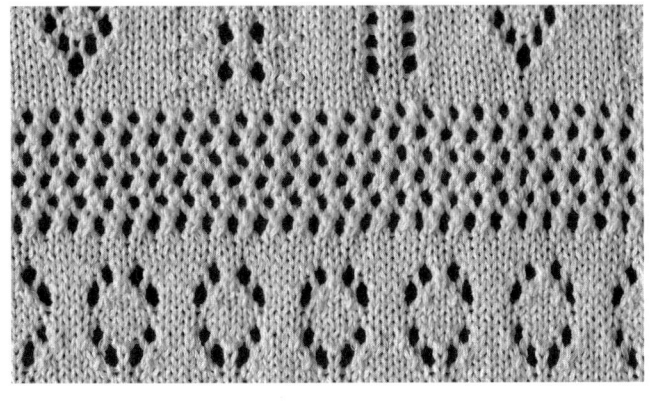

ケーブル編

②編目の移動（振り・racking）

　振りとは、ダブルニードルの一方の針床（ニードルベッド）を左または右に移動することである。左右に振ることで針の出合い位置を変えることができ、編目の移動を行なう。振りのことをラッキングともいう。振り編の代表的な編地は、矢振りや、両畦編や片畦編を利用した振り柄がある。振り方には、段振りや矢振りがある。

振り編

振り編

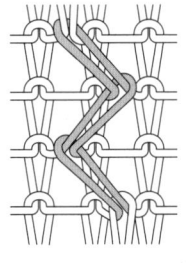

　コンピュータ横編機では主に後ろニードルベッドが移動する。前ニードルベッドを基準に原点位置が定まり、左右何ピッチずれるかで表わす。

第3章　ニットの編成方法

第4章
ニットの素材

編地はさまざまな糸で構成されており、その糸は各種の繊維からなっている。編地の組織や密度、風合いの決定は使用する糸と密接にかかわっているため、衣料用として用いるニットの糸には、次のような条件が必要となる。

- 軽くて丈夫
- 弾力性がある
- 適度な伸縮性
- 吸湿性に優れている
- 取り扱いやすい（可紡性、編成性、着用性など）

繊維、糸についての一般的な説明は、服飾関連専門講座①『アパレル素材論』で述べられているので、本書ではニット素材を中心とした繊維、糸について説明する。

1　繊維素材
1) 繊維の分類

繊　　維			代表的な品種・商標
天然繊維	植物繊維	綿	海島綿・エジプト綿、ピマ綿・トルファン綿・スーピマ綿など
		麻	亜麻（リネン）・苧麻（ラミー）
	動物繊維	毛 （羊毛）	メリノ種・英国種系
		毛 （獣毛）	カシミヤ・アンゴラ・モヘア・キャメル・アルパカ・その他（チンチラ・ミンク・ヤク・ビキューナ）
		絹	家蚕絹・野蚕絹
化学繊維	再生繊維	レーヨン	
		ポリノジック	
		キュプラ	ベンベルグ®
		その他のレーヨン（精製セルロース）	リヨセル®（テンセル®）
			モダール®
	半合成繊維	アセテート	リンダ®など
		トリアセテート	ソアロン®など
		プロミックス	シノン®など
	合成繊維	アクリル	ボンネル®・シルパロン®など
		アクリル系	カネカロン®
		ポリエステル	テトロン®など
		ナイロン	レオナ™など
		ビニロン	
		ポリウレタン	ライクラ®(LYCRA®)・ロイカ®など
	無機繊維	金属繊維	ルレックス®(Lurex®)など
		ガラス繊維	
		炭素繊維	トレカ®

2) 天然繊維

①植物繊維

1　綿（cotton）

綿は綿花と呼ばれる綿の木になる実から採取した繊維で、その繊維の形状は押しつぶされた管状で、中は空洞になっている。柔らかく、肌触りがよい。綿花は、熱帯、亜熱帯の80か国以上で栽培されており、主な産地はアメリカ、中国、オーストラリア、インド、パキスタン、エジプトなどである。

丈夫で吸湿性が高く、毛羽のないクールな感触が夏物に適しているが、伸縮性に乏しいため、編地はしわになりやすく、形がくずれやすい。また洗濯すると縮む欠点もあるが、整理仕上げ加工の工夫などで改善できる。

綿花は農産物のため、気候や産地によって糸の太さや長さに差がある。綿花の格付けは繊維長、均整度、強さ、繊度（繊維の太さの程度）、色合い、伸縮、ごみの含有（異物の混入がない）、綿花の成熟度柔軟性などによって決まる。

繊維長はICAC（国際綿花諮問委員会）によって表1のように5段階に区分される。繊維長は$\frac{1}{32}$(0.79mm)きざみでインチ、mm単位で表示されている。繊維長が長いほど、細く継ぎ目の少ない強い糸を紡ぐことができ、高級品とされている。

綿花

コットンボール

写真提供　財団法人　日本綿業振興会

表1　綿の繊維長による区分

綿繊維長　区分	繊維長	代表的な産地・品種	用途	紡績できる糸の太さ（番手）
短繊維綿 (short staple length cotton)	20.6mm未満	・インド ・パキスタン	・ふとん綿 ・脱脂綿	機械紡績には使用しない
中繊維綿 (medium staple length cotton)	20.6mm～25.4mm	・アメリカ ・中国 ・オーストラリア	20番手 ・タオル	20番手以下の太い糸
中長繊維綿 (medium-long staple length cotton)	26.2mm～27.8mm		30～40番手 ・ニット肌着 ・Tシャツなど	50番手以下
長繊維綿 (long staple length cotton)	28.6mm～38.1mm	・アメリカ （スーピマ綿） ・ピマ綿 ・エジプト綿 （ギザ45、ギザ70、ギザ77） ・中国 （トルファン綿） ・西インド諸島 （海島綿）	80番手 ・高級綿衣料	80番手以下
超長繊維綿 (extra-long staple length cotton)	34.9mm以上			80番手以上の細い糸

長い繊維は太い糸も紡績できるが、綿花価格が高いので、通常太い糸は短い綿花で紡績する。通常、綿花は一定の品質を保つため、原産国の異なるものを混ぜ合わせ（混綿）綿糸を生産する。これに対して、特定の品種のみを使用して紡績することがある。これを単一混綿という。海島綿やスーピマ綿などがこれにあたる。

コーマ糸とカード糸

紡績の工程でごみや短繊維を取り除き、繊維を平行に引き揃える機械工程をカード(card)といい、さらにカードで除去できなかった短繊維を取り除く機械工程をコーマ(comber)という。できた糸をコーマ糸と呼ぶ。毛羽が少なく、非常になめらかで均斉度に優れた光沢のある糸となる。コーマの工程を通さない糸をカード糸と呼ぶ。カード糸は柔らかさや温かみのある風合いに仕上がる。

ニットに使用される高品質綿

- **海島綿 (Sea Island Cotton)**

毛筋が長く、光沢があり、繊細で、現在栽培されている綿糸の中では最高級品とされている。天然繊維ではシルクに次ぐ細さを持っており、細番手の綿糸を得ることができる。カリブ海東側に浮かぶバルバドスなど旧英国領の西インド諸島のうち6島が産地で、古くから英国王室に愛用されてきた。長い間、イギリスの独占状態で管理され品質が守られてきた。近年は日本にも原綿供給が認められている。ニットとしては、ハイゲージのフルファッションセーターなどの高級分野で使われている。

- **エジプト綿 (Egypt Cotton)**

エジプトのナイル川流域に沿った南北の地域で生産される綿花は、長繊維綿と超長繊維綿で、品種にはすべてギザ(Giza)という呼称に各品種の開発番号である2桁のナンバーがつけられている。超長繊維綿には、Giza45、Giza77、Giza70などがある。このうち、Giza45が海島綿に次ぐ高品質綿といわれている。

- **ピマ綿 (Pima Cotton)**

ピマ綿は、ペルー海岸の北部ピィウラ地域で栽培されている高品質綿。この綿は、高品質綿の中でも経済性に優れているので、ニット用としても広く使用されるようになっている。ニット用糸としては、中番手および細番手が中心で、よこ編のセーター類およびポロシャツ類などの丸編ジャージー製品などに多く使用されている。

- **スーピマ綿 (Supima Cotton)**

ペルーのピマ綿が起源といわれている。スーピマは高級ピマ（Superior Pima）の略語。「スーピマ」はアメリカのスーピマ協会の商標でアメリカ産ピマ綿を100％使った製品のみにつけられている。ニット製品によく使用されている。

- **トルファン綿（新彊長繊維綿 Turpan Cotton）**

中国西北部の新彊ウィグル自治区トルファン地域に産する綿花で紡績された糸。新彊ウィグルは綿花栽培の北限にあたり、綿花の成熟や害虫駆除の面で有利である。この地域で取れる綿花はアプランド綿と超長綿が半々ぐらいであるが、色合いと均整度が優れてニット用として知られている。

そのほか、スーダン綿、インド綿などが生産されている。オーガニックコットン（有機栽培綿）とは3年間農薬や化学肥料を使用していない農地で、農薬や化学肥料を使わないで生産された綿花をさす。

2　麻(ramie、linenなど)

麻は茎または幹の靭皮部と、葉部から採集される葉繊維から得られる繊維で、独特のしゃり感、涼感、光沢をもち、速乾性に優れた素材である。弾力性が乏しいため、しわになりやすい。

麻100％の糸は少なく、綿や化学繊維との混撚糸が多く作られている。主な靭皮繊維には、亜麻（リネン）、苧麻（ラミー）、黄麻（ジュート）、大麻（ヘンプ）、ケナフ（洋麻）などがある。主な葉繊維にはマニラ麻、サイザル麻などがある。衣料用としては主に亜麻（リネン）、苧麻（ラミー）が使われている。現在、亜麻（リネン）、苧麻（ラミー）のみが家庭用品品質表示法で「麻」の表示が認められている。

3　植物由来繊維

近年、バナナ、竹、ケナフ、カポック、パイナップル、さとうきびなどの植物繊維を原料とした従来にない繊維が生産されるようになってきた。

これらの繊維は生分解性を有して環境にやさしい、非常にエコロジカルな繊維である。多くは独特の風合いや、抗菌性、消臭性などをもち、成長が早い。これらは指定外繊維で表示される。

4　紙繊維

紙繊維とはマニラ麻、三椏（みつまた）、楮（こうぞ）などを原料に紙をすき、細く裁断したものに撚りをかけ、糸にしたものをいう。紡績などの工程と異なる独特の工程で製造する。

5　ポリ乳酸繊維

とうもろこし繊維とも呼ばれる。とうもろこしを原料に乳酸菌による乳酸発酵で得られる繊維。
化学繊維に位置付けられている。

亜麻（リネン）と苧麻（ラミー）特徴比較

繊維名	亜麻(リネン)・1年草	苧麻(ラミー)・多年草
特徴	・繊維は短く、細く、柔らかい ・節がスラブヤーンになりやすい ・光沢が強く、ソフトでしなやか ・涼感、張りやこし感がある	・繊維は長く、太く、硬い ・光沢が強く、しゃり感がある ・水分の吸収、発散性に優れている ・しわになりやすい
産地	中国、リトアニア、ベルギー、ロシア、ウクライナ、フランス	中国、インド、インドネシア
用途	衣料　寝装品　インテリア	

写真提供　日本麻紡績協会

②動物繊維

1　毛（wool・hair）

一般に毛(wool・hair)は羊毛と獣毛に分類される。

2　羊毛 (wool)

羊毛は羊の毛からとれる繊維で、人間と羊の結び付きは非常に古く、紀元前5000年以上昔に中央アジアで家畜として飼育されていたことに始まる。衣料用繊維として古くから使われている。

現在羊の種類は約3000種にものぼるが、衣料用素材としてはメリノ種と英国種系の二つに大別される。

現在の主な生産国はオーストラリア、中国、ニュージーランドとなっている。ニット素材として、羊毛は単独または他の繊維と紡績されて使用されている。

・繊度によってファインウール（19.5ミクロン以下）、スーパーファインウール（18.5ミクロン以下）、ウルトラファインウール（15.5ミクロン以下）と区分する場合もある。

メリノ種 (Merino)

・現在、世界各地で広く飼育され、羊毛の産出量も最も多い。

・スペインのメリノを起源として、交配を重ね、優れた高品質の羊毛を産出している羊種。オーストラリアメリノ、アメリノ、フランスメリノ、ニュージーランドメリノなどがいる。

・毛が白く、細く、クリンプ（スプリング状の捲縮）が多いので、衣料用として最も多く使われている毛素材。梳毛糸にするのが一般的。

・ラムウールとは生後5か月前後の授乳期の子羊からとれる羊毛をいい、毛質は細くて柔らかく、特にニット素材として最適。

・ニット用素材としては、7G以上のミドルおよびハイゲージ製品に使用される場合が多く、また、ジャージー用としては40番手以上の単糸で使用される場合も多くある。

英国種系羊毛
- 英国種の羊は、棲息飼育地域により、山岳種Hill Breedsとダウン種Down Breedsに分けられる。または羊毛の繊維長によって、長毛種と短毛種に分けることもある。
- 山岳種はイギリスの北部および東部の山岳地で石や岩が多く痩せた土地で、良質な牧草の少ない厳しい自然環境下で飼育されている。シェットランドShetland、チェビオットCheviotなどがいる。
- ダウン種はイギリス南部地域のゆるい斜面の丘陵で豊富な牧草に恵まれた良好な自然環境下に飼育棲息する。サウスダウンSouthdown、シロップシャーShropshireなどがいる。
- 毛はメリノ種よりも太く、羊種によって品質も多岐にわたる。それぞれの特徴のある繊維を産出している。
- 比較的繊度の細い場合、クリンプが多く、その波状が深いので弾力性に優れこしが強いのが特徴。この性質は、ミドルおよびコースゲージのニット製品のバルキー性（嵩高性）と弾力性を高めるうえでは有効なものといえる。また、羊種によっては、自然色やケンプの混入しているものもあり、これらを積極的にとり入れることによって自然色豊かな個性ある製品とすることができる。

羊毛の特徴
　羊毛は次のような、ほかの繊維には見られない特徴をもっている。
- 繊維がうろこ状のスケールで覆われ、よじれていて、クリンプと呼ばれている。
- 保温性が大きい。クリンプがあるので弾力性に富み、嵩高性が高く、空気をたくさん含む。
- 吸湿性、撥水性がある。相反する性質は繊維表面のスケールに起因していて、衛生面に優れ、水をはじくので汚れにくい。
- しわになりにくく非常に弾性が高い。またスチームアイロンなどで蒸気や熱を加えると一定の型にセットされる。ただし、この場合永久的なセットにはならない。
- フェルト化する。洗濯などで強くもみ合わせるとスケールがからみ合い、収縮し、縮絨する。一度フェルト化すると元には戻らない。洗濯に耐えうる素材として、防縮加工の糸などが開発されている。

　その他、燃えにくい、染色性がよい、などの特徴をもっている。

羊毛の品質基準と要素
　羊毛の品質基準の算出方法はさまざまあるが、いくつかの要素によって決まる。
　羊毛の品質qualityは、繊度fineness、繊維長length、サウンドネスsoundness、弾性elastic property、キャラクターcharacter などの要素が挙げられる。最も重要な品質要素は、繊度である。
　繊度は、繊維の太さを表わすもので、その表示方法には、単繊維の直径をミクロンmicron（μ＝1/1000mm）単位で表示する場合と、可紡性による数値で表示する場合の2通りがある。日本の毛糸の標準番手である48双糸は21ミクロンの羊毛に相当する。数字が小さいと羊毛は細くなり、希少価値が高くなる。一般に28ミクロンより大きいとインテリア用の素材になる。
　スーパー表示（Super'S表示）とは国際羊毛繊維機構（IWTO）が取りまとめた、細番手軽量毛織物とニットに関する世界標準規格のことをいう。これによって、従来は表現にばらつきがあった繊度と品質基準が改善され、使用している羊毛の平均繊度やミクロンとスーパー表示の関係を明確にしている。

羊の種類		
メリノ種	英国種	
メリノ	サウスダウン	チェビオット

写真提供　AWI（オーストラリアン・ウール・イノベーション）、日本毛織

スーパー表示（Super'S 表示）

純毛にのみ適用。ただしシルク、カシミヤなどの高級繊維は混紡を認める。

数値と繊度の関係は以下のとおり。

'S値	最大繊度	'S値	最大繊度
Super　80'S	19.75ミクロン	Super　170'S	15.25ミクロン
Super　90'S	19.25ミクロン	Super　180'S	14.75ミクロン
Super　100'S	18.75ミクロン	Super　190'S	14.25ミクロン
Super　110'S	18.25ミクロン	Super　200'S	13.75ミクロン
Super　120'S	17.75ミクロン	Super　210'S	13.25ミクロン
Super　130'S	17.25ミクロン	Super　220'S	12.75ミクロン
Super　140'S	16.75ミクロン	Super　230'S	12.25ミクロン
Super　150'S	16.25ミクロン	Super　240'S	11.75ミクロン
Super　160'S	15.75ミクロン	Super　250'S	11.25ミクロン

（2008年3月1日発効）　　　　　データ提供　AWI（オーストラリアン・ウール・イノベーション）

3 獣毛

羊毛以外の獣毛には、カシミヤ、キャメル、アンゴラ、モヘアなどがある。

カシミヤやキャメル、アンゴラはクリンプのような綿毛と、ヘアー（hair）と呼ばれる刺し毛が混在している。アンゴラ山羊やアルパカはヘアーのみである。

獣毛繊維の多くは希少性が高く、高価なため、ナイロンやアクリルなどと混紡して用いることも多い。産地や形状については下表に示す。

獣毛の種類

獣毛の名称・動物の名称	動物の写真	主な産地	特徴
モヘア mohair・アンゴラ山羊		トルコ 南アフリカ アメリカ	●色は白で光沢があり、なめらか ●生後1年以内の毛はキッドモヘアと呼ばれ、繊維は細く、さらにしなやか ●糸にこしがあり、張りがある ●ファンシーヤーンとしても使用される ●縮絨しない ●羊毛との混用が多い
カシミヤ cashmere・カシミヤ山羊		中国 モンゴル イラン	●繊維は非常に細く柔らかで、捲縮しており、保温性、弾力性に富む ●繊維が弱く毛玉ができやすい 天然色は茶、黒、灰色などが多く、白は産出量の約10% ●高価
キャメル camel・双峰種のらくだ		イラク 中国 モンゴル	●柔らかで軽く保温性もよい ●色は茶褐色が一般的、染色性が悪い
アルパカ alpaca・アルパカ		ペルー ボリビア チリ アルゼンチン	●なめらかで光沢がある ●ウールとヘアー両方の特性をもつ ●強さに優れフェルト化しない ●保温性がよい ●色が天然色で20色くらいある
ビキューナ vicuna・ビキューナ		エクアドル〜アルゼンチンの南米地域	●生息頭数が少なく、保護動物扱い ●毛は天然繊維でも最も細いので柔らかい ●家畜化が難しいので非常に高価
アンゴラ angora・アンゴラうさぎ		中国 フランス チェコ スロバキア 南米地域	●柔らかく、軽くて保温性に富む ●染色性に優れている ●抜け毛、飛毛が発生しやすい ●ウールやその他の繊維と混用されて用いられることが多い ●強度がほかの獣毛に比べてやや劣る

写真は Pier Giuseppe Alvigini, Antonio Canevarolo 著『空に最も近い繊維 THE FIBRES NEAREST TO THE SKY』(1979年) より
上から 1番目 Mohair Board/2番目、5番目、6番目 A.Canevarolo/3番目 Mondadori Arch/4番目 J.F.Pattey

各種毛素材の密度と繊維長について

繊維	産地	品種／種別	平均直径（μm）	直径の備考	平均繊維長（mm）	繊維長の備考
羊毛	オーストラリア	メリノ	17～27		60～90	
		メリノ以外	25～30		80～110	
	ニュージーランド	メリノ	18～27		60～90	
		メリノ以外	25～35		80～110	
	南米	メリノ	20～24		60～90	
	イギリス	メリノ以外	24～39		70～120	チェビオット種
カシミヤ	中国		14～16		20～40	
	モンゴル		16～18		20～40	
	イラン		17～19		20～40	
	アフガニスタン		17～19			
モヘア	南アフリカ	キッド	23～28	24台が多い	100～300	
		アダルト	30～40	30、31台が多い		
アルパカ	ペルー	ベビー	21～23	22台が多い	120～160	
		ファイン	26～28	26台が多い		
		コース	31～36			
アンゴラ	中国	SUPER	11～14		38以上	数値は合格基準
		1st	12～14		31以上	
		2nd	12～14		25以上	
キャメル	中国		15～24		28～40	
ビキューナ	ペルー		10～14		65程度	選別された繊維

データ提供　財団法人　毛製品検査協会　獣毛鑑定センター

4　絹（silk）

絹は蚕の繭から作られる繊維で、繭には家蚕繭と野蚕繭がある。天然繊維では唯一の長繊維である。精錬処理された糸の状態を先練り（糸練り）、生糸を編み立て後、精錬処理したものを後練りという。他の繊維にはない独特の光沢があり、しなやかでドレープ性もよい。吸湿性に優れ、肌触りがよく保温性に富んでいる。これらのことから保健衛生的機能が高いといえる。反面、太陽光に弱い、摩擦に弱い、しみができやすいなどの短所をもつ。

3）化学繊維

化学繊維は従来、天然繊維の代用として開発されてきたが、現在は天然繊維にはない特性をもつものが増えている。

化学繊維にもいろいろあるが、ニット素材としてよく使われる繊維について取り上げる。

1　レーヨン（rayon・viscose rayon）

感触が絹に似て柔らかく、独特の光沢感があり、ドレープ感にも優れている。また、染色性に優れて鮮やかな色調となる。主成分がセルロースからなるので、吸湿性がよい。また弾力性に乏しく、しわになりやすいため、防縮加工や防しわ加工が施されたりする。

2　モダール（modal®）

ビスコースレーヨンの改良された繊維で、レーヨン繊維の特性に加えて、より高い均整性と強度をもっている。綿などと混紡して用いられる場合が多い。

3　リヨセル（Lyocell®）・テンセル（TENCEL®）

仕上げ加工によって、独特な外観と風合いのバリエーションが広がる繊維である。例えばピーチスキン仕上げでは、柔らかい風合いを表現できる。主として長繊維は単体、短繊維は毛、綿および麻などと混紡して用いられる。リヨセル（Lyocell®）テンセル（TENCEL®）は商標。

4 トリアセテート（tri-acetate）

優雅な光沢としなやかさをもち、さらりとした風合いである。清涼感のある製品ができ、夏物衣料によく使用される。ウールに近い弾性と比重があり、張り、こしがある。

5 プロミックス（promix）

日本で開発された牛乳タンパクとアクリロニトリルを重合して作った繊維で、ミルク繊維とも呼ばれる。絹のような風合いをもち、光沢感がある。染色性、ドレープ性に優れているが高価である。

6 ナイロン（nylon）

引っ張り強度、摩擦に対して強い。このため他の繊維に混紡すると繊維の強度を高めることができる。

軽くて弾力性があり、しわになりにくい。吸湿性は低いので速乾性がある。反面、汗を吸わないという欠点にもつながる。ニット素材ではスポーツウェア、靴下、ストッキングなどに使われる。

7 ポリエステル（polyester）

ナイロンに次ぐ強度をもち、形態安定性に優れているので、しわになりにくく、型崩れしない。ほかの繊維との混紡に適しており、ニット素材としても多く使用されている。

8 アクリル（acrylic）

化学繊維の中で最もウールに似た性質をもち、ふっくらとした感触と適度な保温性をもっている。

染色堅牢度が非常によいので他の繊維と容易に混紡できる。カシミヤ風の柔らかい風合いのものやモヘア風の張りのあるものまで作ることができる。

9 ポリウレタン（polyurethane）

ゴムのような伸縮性と優れた弾力回復性をもつ。染色性もよく、他の繊維と複合して利用されることが多い。ニットでは袖口などの部分使いやストッキング、ストレッチニットに使用される。スパンデックスはもともと商標であったが、現在は一般名詞として使用されていることが多い。商標ではライクラ®が圧倒的なシェアを有し、有名である。家庭用品質表示法では「ポリウレタン」と表記される。次のような場合において使用される。

- ほかの糸と撚り合わす交撚糸（プライヤーン）。
- ポリウレタンを芯にして他の繊維をまわりに巻きつけた糸（カバード糸：シングル、ダブル）。
- ほかの繊維の糸を紡績するときにポリウレタンを芯に入れる（コアスパンヤーン）。
- ほかの糸で編地を編むときに、ポリウレタン糸（裸の糸＝ベア）を挿入して編み込む（市場では丸編のベア天竺が知られている）。

4）繊維の略号

品質表示における繊維名は家庭用品品質表示法で定められているが、企画書や仕様書では繊維名は略して記載されていることがある。この場合は英語の頭文字をとって省略される場合が多い。ここではニット素材に多く使用されるものを取り上げる。

ヨーロッパにおける主な繊維の略号（DIN規格）

繊維名	略号	繊維名	略号
綿	CO	ヤク	WY
亜麻	LI	ケナフ	KE
黄麻	JU	カポック	KP
苧麻	RA	キュプラ	CUP
絹	SE	ビスコース繊維	CV
羊毛	WO	ポリノジック	CMD
アルパカ	WP	アセテート	CA
カシミヤ	WS	トリアセテート	CTA
アンゴラ	WA	ナイロン	PA
ビキューナ	WG	アクリル	PAN
らくだ	WK	アクリル系	MAC
ラマ	WL	ポリエチレン	PE
モヘア	WM	ポリエステル	PES
うさぎ	WN	ポリプロピレン	PP
羊毛（剪毛）	WV	弾性繊維（ゴム・ポリウレタン）	EL

日本繊維輸入組合より

日本における主な繊維の略号

繊維名	略号	繊維名	略号
綿	C	ナイロン	N
麻	Li	ポリエステル	E
絹	Si	アクリル	An
羊毛	W	モダクリル	MAn
レーヨン	R	ビニロン	V
ポリノジック	P	ポリウレタン	Un
キュプラ	Cu	ポリプロピレン	Pp
アセテート	A	ポリエチレン	Pe
トリアセテート	T	合成繊維	S

繊維ハンドブックより

2　糸素材

　糸は繊維の集合体で、細長く束にして撚りをかけたものである。繊維には短繊維（ステープルファイバー）と連続長繊維（フィラメントファイバー）があり、それぞれ紡糸、紡績、製糸という過程を経て糸になる。

　さらにできあがった糸（単糸）を撚り合わせたものを諸撚り糸、得られた糸に加工処理を施した糸を加工糸と呼ぶ。性質の異なる繊維が混用された複合糸もある。また、2種類以上の異なる種類の糸を使用して編むことを交編といい、2種類以上の異なる糸を混ぜながら、撚りをかけることを交撚という。

1）　繊維の混用

　2種類以上の性質の異なる繊維を混ぜて紡績した糸を混紡糸といい、異なる化学繊維のフィラメントを混ぜ合わせた糸を混繊糸という。それぞれの特性を生かした素材作りが可能になる。ニットでは天然繊維と化学繊維の混紡糸が多い。相反する特性をもつ繊維を混用することによって、お互いの欠点（吸湿性・強度・風合いなど）をカバーすることができる。異なる天然繊維同士や化学繊維同士のみでも混用する場合がある。

交編	ポリエステル・綿 絹・毛 ポリウレタン・アクリル
交撚	綿・毛 ポリエステル・綿 ポリエステル・ナイロン ポリウレタン・ナイロン
混紡	ポリエステル・綿 ポリエステル・毛 アクリル・毛 アクリル・綿 綿・毛 毛・麻
混繊	アセテート・ナイロン アセテート・ポリエステル

2）　糸の製造方法による分類

①紡績糸（spun yarn）

　紡績糸は短繊維（ステープルファイバー）を平行に引きそろえ、連続的に撚りをかけ、長い糸としたものをいう。この操作を紡績といい、主に綿や毛、麻などが原料に用いられる。または一部の連続長繊維を切断し、短繊維として紡績する。糸は表面に毛羽があり、嵩高でふくらみのある糸になる。

②フィラメント糸（filament yarn）

　連続長繊維（フィラメントファイバー）を束ねて作る糸で、天然繊維の絹と化学繊維が用いられる。糸の太さは均一で、表面はなめらかで光沢はあるが、ふくらみに欠け、冷たい感触になる。

③梳毛糸と紡毛糸

　羊毛や獣毛繊維から糸を作る場合、紡績方法の違いにより、梳毛糸と紡毛糸に分けられる。

- 梳毛糸（worsted yarn）

　梳毛紡績により、短い繊維を取り除き比較的長めの繊維を引きそろえ、撚りをかけた糸である。表面がなめらかで、均一で毛羽の少ない、紡毛糸より細い番手の糸がひける。

　梳毛紡績で糸になる以前の状態のスライバーをトップといい、この状態で染色したものはトップ染めと呼ばれ、染色堅牢度が高いことで知られている。

- 紡毛糸（woolen yarn）

　比較的短い繊維や再生羊毛などを用いて紡績した糸で、全体にゆるく紡績した糸である。梳毛紡績よりも工程が簡単であり、繊維の方向が交錯し、外観は毛羽立って、ふっくらしている。

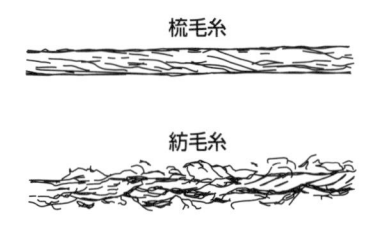

3） 糸の構成
①糸の撚り
撚りとは繊維または糸を平行に引きそろえてねじることで、この操作を撚糸という。

次のような目的から撚りがかけられる。
- 繊維を集束させて、糸状にする
- 糸の毛羽を少なくし、強度、密度を大きくする
- 柔らかさや伸縮性が与えられる
- 変化に富む、形状やデザインが生まれる
- 適当な太さの糸が得られる
- 光沢や触感を変えられる

②撚りの方向
糸の撚り方向にはS撚り（右撚り）とZ撚り（左撚り）とがある。

S撚り（右撚り）　Z撚り（左撚り）

双糸と三子糸

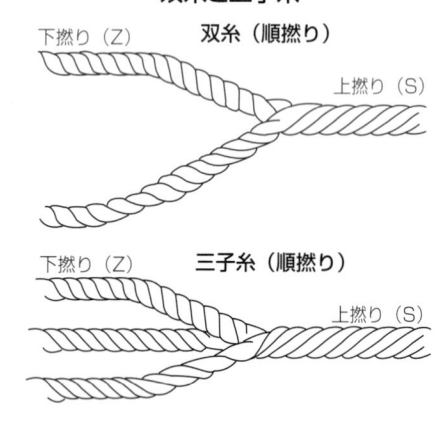

双糸（順撚り）
下撚り（Z）　上撚り（S）

三子糸（順撚り）
下撚り（Z）　上撚り（S）

③撚り数と編地の関係
糸の撚り数は、その糸の用途によって異なり、また糸の強さや柔らかさにも影響を与える。撚り数は単位長さ（1m、1インチ）内の数で表わす。上撚り回数の違いにより、甘撚り糸（弱撚糸）、並撚り糸（中撚糸）、強撚糸に分類されて扱われる場合もある。明確な基準はないが、1m間の上撚り数が300T/m以下を甘撚り糸、300～1000T/mを並撚り糸、1000T/m以上を強撚糸と呼んでいる。

撚り方向と撚り回数はニットの場合、編地に大きく影響を及ぼす。次のような編地の特徴を挙げることができる。

- 甘撚り糸（弱撚糸）

感触、風合いが柔らかく、編目もきれいに浮き出てくる。ウールは摩擦に弱く毛羽が立ちやすく、毛玉ができやすい。撚り回数が少ないので、粗い編地にすると伸びやすく、弾力性に欠ける。比較的太番手のニット糸はこの撚りのものが多い。

- 並撚り糸（中撚糸）

比較的細番手のニット糸はこの撚りのものが多い。編目がそろいやすく、風合いには適当な柔らかさがあり、毛羽もあまり目立たない。扱いやすい糸で、複雑な編目組織もきれいに編める。

- 強撚糸

甘撚り糸とは逆に編地の風合いは硬く、冷感、しゃり感をもつ。丈夫で重量感がある。特に上下撚り数のバランスを欠くと、天竺組織の編地では斜行しやすい。

④撚り合わせ
短繊維を平行に並べて撚りをかけた1本の糸を単糸と呼ぶ。糸に最初の撚糸することを単糸撚り（下撚り）といい、次に複数の単糸を合糸して加える撚糸を合糸撚り（上撚り）という。フィラメント繊維を1本または2本引きそろえて撚りをかけたものを片撚り糸という。単糸や片撚り糸を2本から4本引きそろえて、単糸の方向（通常Z方向）とは逆方向（通常S方向）に撚りをかけて、1本の糸にしたものを諸糸または諸撚り糸と呼ぶ。紡績単糸を2本引きそろえて撚り合わせた糸を双糸、3本用いた糸を三子糸という（左図）。

4） 糸の太さ
繊維や糸の太さを繊度という。しかし、糸の太さは通常細く変形しやすい状態で、直径を表わすことが難しい。このため、糸の太さは決められた標準の長さと重さの関係で間接的に表わす。太さの算出方法には、一定の重さに対して、長さがいくらあるかを表わす恒重式（番手）と、一定の長さに対して重さがいくらあるかを表わす恒長式（デニール、テックス）がある。また、各種の加工等により糸の外観に変化を与えている場合、見た目の太さと番手は一致しない。

糸の種類によって、番手とデニール、テックスで表わされる。

①番手
番手は繊維の種類によって基準となる重さと長さが異なる。代表的なものにメートル式番手と英式綿番手など

がある。番手の数が大きくなるほど、糸は細くなる。

毛素材に用いられるメートル式は1gで1mある糸を1番手とする。1gで48mある糸は48番手となる。毛紡績方式で紡績されたアクリルおよび、その混紡紡績糸も同じ表わし方をする。

綿素材に用いられる英式綿番手は重さが1ポンド（453.6g）で長さが840ヤード（768.1m）ある糸を1番手とする。1ポンドで8400ヤードある糸は10番手となる。綿紡績方式で紡績された化合繊混紡紡績糸も同じ表わし方をする。

② **デニール（denier）**

デニールはフィラメント糸（ポリエステル、ナイロンなど）の太さを表わす単位をさす。9000mで1gあるものを1デニールとする。9000mで100gあるものを100デニールとする。デニールの数が大きくなるほど、糸は太くなる。

③ **テックス（tex）**

すべての糸の太さに対する統一単位として、ISO（国際標準化機構）が制定した糸の単位である。1kmで1gの糸を1テックスとしている。g単位で表わし、2gならば2テックスとなる。1テックスは10デシテックスになる。

すべての糸の太さは番手、デニール、テックス（デシテックス）のいずれかで表示される。市販の手編み用糸の場合は番手で表わしてもわかりにくいため、糸の太さにそれぞれ名称をつけている。メーカーによって番手数は多少異なる。

番手のデニールの測定基準と算出方法

	糸	名称	基準の重さ・長さ	単位の長さ・重さ	算出方法
恒重式	綿糸	番手(英式)	453.6g(1lb)	768.1m (840yd)	453.6gでA×768.1mあればA番手
	麻糸	番手(英式)	453.6g(1lb)	274.3m (300yd)	453.6gでA×274.3mあればA番手
	毛糸	番手(メートル式・共通式)	1g	1m	1gでAmであればA番手
恒長式	フィラメント糸	デニール(d)	9000m	1g	9000mでAgあればAデニール
	共通	1テックス (10デシテックス)	1000m	1g	1000mでAgあればAテックス (A×10でデシテックス)

番手換算法

既知番手＼換算番手	綿番手	毛番手	麻番手	デニール	テックス
綿番手	1	×1.69	×2.80	5314.88/綿番手	594.54/綿番手
毛番手	×0.59	1	×1.65	9000/毛番手	1000/毛番手
麻番手	×0.35	×0.60	1	14881.6/麻番手	麻番手/0.165
デニール	5314.88/デニール	9000/デニール	14881.6/デニール	1	デニール×0.111
テックス	590.54/テックス	1000/テックス	×0.165	テックス/0.1111	1

番手の表示法

※Nm=メートル式番手の単位

毛番手 （メートル式・共通式）	単糸	48番手	1/48^{Nm}
	撚り糸	48番手双糸	2/48^{Nm}（1/48^{Nm}×2）
		48番手三子糸	3/48^{Nm}（1/48^{Nm}×3）
	引きそろえ糸	48番手双糸2本引きそろえ	2/48^{Nm}×2
	総合	総合4番手	4^{Nm}もしくは$_{Nm}$4000
綿・麻番手（英式）	単糸	30番手	30/1^S
	撚り糸	30番手双糸	30/2^S（30/1^S×2）
		30番手三子糸	30/3^S（30/1^S×3）
	引きそろえ糸	30番双糸の2本引きそろえ	30/2^S×2
デニール	単糸	120デニール	120D
	双糸	120デニール双糸	120D×2
テックス	単糸	20テックス	20tex
	双糸	20テックス双糸	20tex×2

主要番手換算表

種類	テックス	デニール	綿番手	メートル番手	テックス	デニール	綿番手	メートル番手
基本単位	1g 1000m	1g 9000m	840yd (768.1m) 1 lb (453.59g)	1000m 1000g	1g 1000m	1g 9000m	840yd (768.1m) 1 lb (453.59g)	1000m 1000g
適用品種	共通	長繊維 短繊維	紡績糸	梳毛糸 紡毛糸	共通	長繊維 短繊維	紡績糸	梳毛糸 紡毛糸
換算表	tex	D	番手	番手	tex	D	番手	番手
	1.111	10.0	531.5	900.0	10.00	90.0	59.1	100.0
	2.222	20.0	265.7	450.0	11.11	100.0	53.2	90.0
	2.953	26.6	200.0	338.7	12.50	112.5	47.2	80.0
	3.333	30.0	177.1	300.0	13.33	120.0	44.3	75.0
	4.000	36.0	147.6	250.0	14.76	132.9	40.0	67.7
	4.444	40.0	132.9	225.0	15.54	140.0	38.0	64.4
	4.921	44.3	120.0	203.2	16.67	150.0	35.4	60.0
	5.000	45.0	118.1	200.0	19.68	177.2	30.0	50.8
	5.556	50.0	106.3	180.0	20.83	187.5	28.4	48.0
	5.905	53.2	100.0	169.4	22.22	200.0	26.6	45.0
	6.111	55.0	96.6	163.6	25.00	225.0	23.6	40.0
	6.667	60.0	88.6	150.0	27.78	250.0	21.3	36.0
	7.381	66.4	80.0	135.5	29.52	265.7	20.0	33.9
	8.333	75.0	70.9	120.0	59.05	531.5	10.0	16.9
	9.842	88.6	60.0	101.6	100.00	900.0	5.9	10.0

繊維ハンドブックより

毛・綿・化繊の代表的な番手

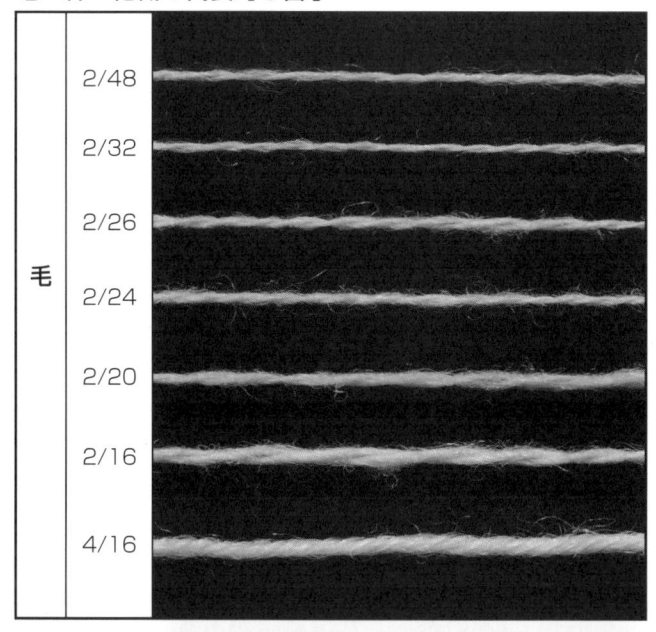

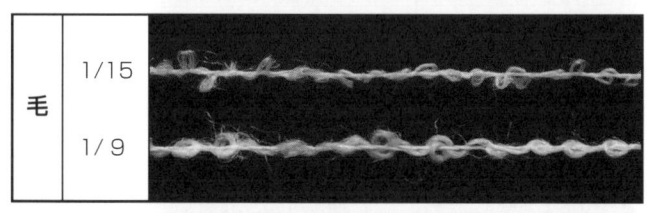

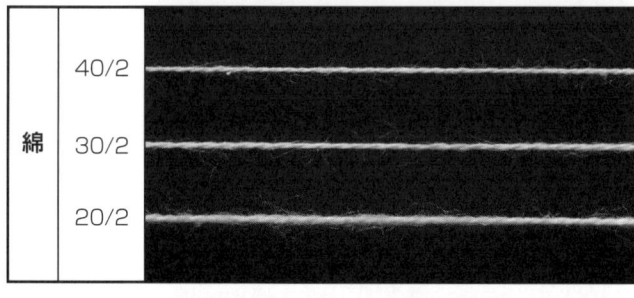

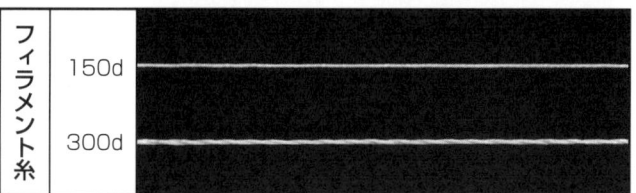

毛	2/48
	2/32
	2/26
	2/24
	2/20
	2/16
	4/16

毛	1/15
	1/9

綿	40/2
	30/2
	20/2

フィラメント糸	150d
	300d

糸提供　三山（株）、茅ヶ崎紡織（株）、三菱レイヨン（株）

5）糸の製品形態

撚糸された糸は、かせ、コーン、チーズに巻かれ、編み立てに使用される。

かせとはかせ枠で巻き取った糸のことである。かせを作るために、木管などに巻かれた糸をかせ枠に巻き取る作業をかせ上げという。かせ染めとは、かせの状態で染色することである。

コーンとは糸巻きで円錐形をしたものをいう。コーン巻きの糸とは、紙管に糸を円錐形に巻いたもので、コーンアップとは、かせからコーンに糸を巻き取る作業をさす。かせくりともいう。コーンの傾斜には3度30分、9度15分などの角度がある。ワインダーとはコーン巻きをする機械である。ヨーロッパでは5度57分のものが多く、最近では国内製品でも多く見られるようになってきた。

チーズとは糸巻きで円筒形をしたものをいう。撚糸された糸を染色するときチーズ巻きの状態で染色され、チーズ染めと呼ぶ。

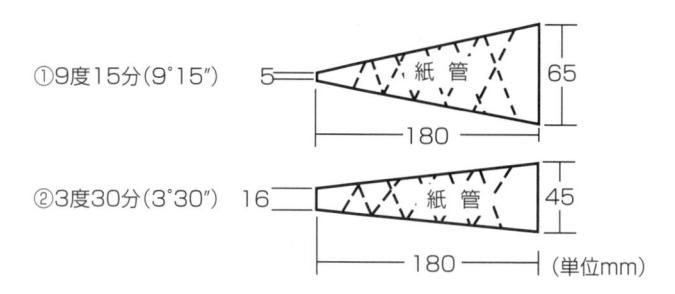

①9度15分（9°15″）　5　紙管　65　180

②3度30分（3°30″）　16　紙管　45　180　（単位mm）

ポータブルワインダー

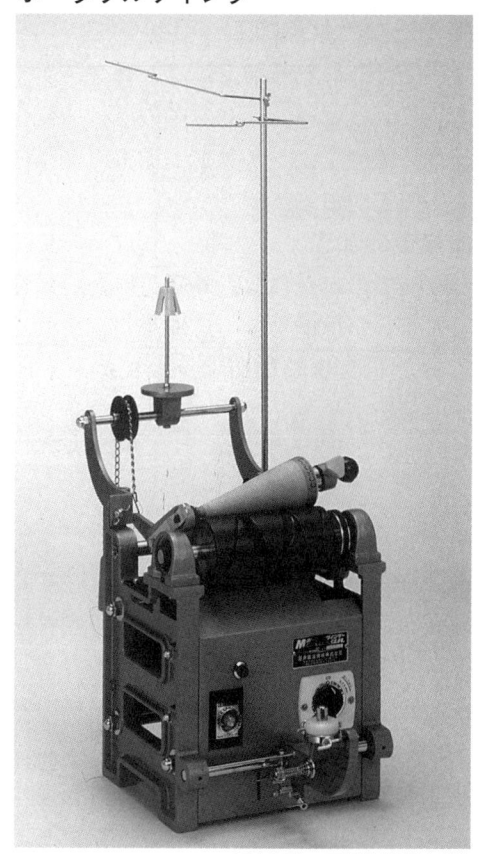

写真提供　圓井繊維機械（株）

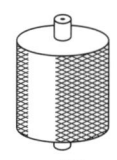

かせ　　チーズ巻き　　コーン巻き

第4章　ニット素材　47

6） 糸の形状と加工

ニット素材の加工処理は、製品となってからの機能的な欠点の改善、およびファッション製品としての表面外観効果の多様性を創出することなどを目的として行なわれる。その加工処理方法には、化学薬剤で繊維自体を改質する化学的処理法、いろいろな種類の繊維や糸の組合せおよび撚糸などの方法により外的な力を加える方法、また熱処理を行なう物理的処理法がある。ニット用素材の加工処理段階は大きく3種類に分けられる。

紡糸、紡績の段階で行なわれる加工

紡糸、紡績の段階で行なわれる加工には、従来利用されてきた化学繊維を改良し、新しい性質を付与したものが含まれる。異なる化学成分を一体化させ、二重構造にした複合繊維（コンジュゲートファイバー）や、円形の断面を変化させた異形断面繊維、繊維の中を空洞にして軽くさせ、保温性の高い中空繊維などがある。

糸の段階で行なわれる加工

糸の段階で行なわれる加工には、テクスチャードヤーンやファンシーヤーンなどの糸の形状に変化を与える加工と、防縮加工、シルケット加工のように糸の性質を変える加工がある。

編地の段階での加工

編地の段階での加工には、外観、風合いに変化を与える加工や新しい性能を与える加工が含まれる。糸の段階でも行なわれる防縮加工、シルケット加工のほか、プリーツ加工やラミネート、ボンディング加工などがある。

①加工糸

長繊維加工糸（textured yarn）

化学繊維のフィラメント糸がもつ熱可塑性を利用して、ウールのようなクリンプやカールを与え、永久的な嵩高性と伸縮性をもたせた糸をテクスチャードヤーンという。光沢は低下するが、ソフトでより高い湿気の透過性と水分の移送発散により、より快適な編地が得られる。主に、ジャージーやスポーツウェアなどに用いられる。

ニット・デ・ニット糸（knit de knit yarn）

いったん編み立てた糸をほどき、編目の凹凸をそのまま残した糸をさす。その糸を使用して編まれた編地の表面には凹凸感が生まれる。嵩高加工の一種。

シルケット加工糸（mercerized yarn）

綿繊維に、絹のような光沢を与えるように加工処理された糸で、染色性も向上し鮮やかな色調が得られる。またこの加工処理によって、膨潤（綿などのセルロース繊維が水に漬かると水を吸着して体積を増加させ、直径が大きくなり、長さ方向に収縮する現象）度が低下し、同時に防縮効果も得られる。

防縮加工糸（shrink-resistant treated yarn）

羊毛繊維の「洗濯で縮む」欠点を改善するため、フェルト化現象を防止する加工処理で、糸になる以前の段階で行なわれるのが一般的であるが、近年では、糸または編地や製品段階でも行なわれる場合もある。風合いが若干固くなる傾向があり、柔軟加工などの後処理が必要となるが、同時に耐ピリング性が向上する効果も得られる。

②複合糸

複合糸とは性質の異なる繊維を混用して作られた糸をいう。短繊維を混ぜて作った混紡糸と、フィラメントを混ぜて1本の糸にした混繊糸がある。また、芯やさや構造をもつ糸をコアスパンヤーン、カバードヤーンと呼び、いろいろな素材の組合せがある。コアスパンヤーンはナイロンやポリエステルなどの長繊維を芯に用いて、毛、綿、アクリルなどの短繊維をまわりにさや状に包むようにして紡績した糸をいう。外側の繊維の風合いが生かされ、伸縮性がよくなる。カバードヤーンはポリウレタンを芯にフィラメント糸や紡績糸を巻きつけた糸をいう。伸縮性が大きく、ストレッチヤーンとして利用されている。マルロンが代表的である。

③特殊糸

特殊な糸として金属糸やラメ糸、フィルム、紙、布を細く裁断した糸やリリヤーン、組ひもなどが挙げられる。

金属糸はステンレス、銅などを原料として、繊維に加工し、使用する。ラメ糸はポリエステルやナイロンに、アルミニウムを蒸着させるなどの方法で作られ、ニット素材として多く利用されている。

④ファンシーヤーン（飾り糸）

糸表面の形や色に変化をもたせた飾り糸で、撚糸加工によるものと紡績加工によるものがある。ループやノット、スラブなどをとびとびに作って特徴ある外観や装飾効果をもたせた糸である。糸の種類や太さ、色調、撚り数などを変えてかなり変化に富む糸を作ることができる。通常、意匠撚糸機で作られるが、紡績工程ではスラブヤーン、ネップヤーンなどの飾り糸が作られる。意匠撚糸は芯糸、からみ糸、押え糸で構成されている。ファンシーヤーンの種類、特徴、編地を表にまとめた（49ページ参照）。

意匠撚糸の基本構成

意匠撚糸は基本的に芯糸、からみ糸、押え糸の三つの糸から構成される。

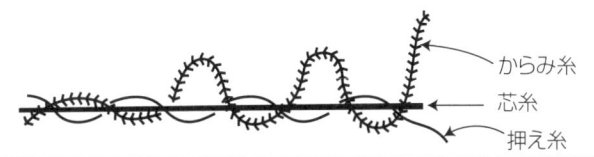

からみ糸 / 芯糸 / 押え糸

撚糸工程によるファンシーヤーン	意匠撚糸	リングヤーン	からみ糸を芯糸よりもやや多く供給して、表面に凸状に出る糸と、小さなループを形成する糸の2タイプがある。		
		ループヤーン	からみ糸の撚りは芯糸と逆方向に中撚りにし、大きめのループを形成した糸。		
		ブークレヤーン			
		ブラッシュドヤーン(シャギーヤーン タムタムヤーン)	ループヤーンのループ部分をカットして、毛羽を出した糸。		
		シェニールヤーン(モールヤーン)	芯糸の間に短い毛羽が連続的にはさみ込まれた糸。		
		ノットヤーン(ノップヤーン・星糸)	芯糸に撚りを集中させ、適当な間隔に太い部分を現わした糸。		
		角糸(カールヤーン)	強撚糸と弱撚糸を撚り合わせ互いに撚り合って角状となったもの。		
	意匠撚糸ではないファンシーヤーン	壁糸	太い糸を片撚り後、細い糸を引きそろえて、撚り合わせ、太い糸が波状に現われる糸。		
		杢糸	異色の糸を2本以上、撚り合わせた糸(2杢、3杢)。		
紡績工程によるファンシーヤーン		ネップヤーン	小さなネップ(繊維くず)が入った糸。		
		スラブヤーン	粗糸をミドルローラーに供給して、とびとびに回し、太さにむらが現われた糸。		
染色工程によるファンシーヤーン		段染め糸(スペースダイヤーン)	糸のところどころを染色し、段染めにしたもの。かすり糸ともいう。		

第4章 ニット素材

第 4 章　ニット素材

第5章
手横機

1　横編機の概略

日本に初めて横編機が輸入されたのは、明治3～5年頃といわれている。明治10年頃には、ヨーロッパやアメリカ両方面から横編機が輸入されていることから考え、日本でも横編機を使用した職業が発生していたと思われる。

2　横編機の種類

横編機は、手動式と自動式の2種類に分けられる。この章では、手動機（以後手横機と呼ぶ）についての解説をする。

横編機は、機械の大きさ（針床の長さ）が16インチ（40.6cm）以上の機械を大横機と呼び、それよりも小型の機械を、小横機と呼んでいる。通常手動機としては、28～36インチ機が、主流になっている。

主に大横機は、服として着用する衣料を生産するために使用される。小横機は手袋や衿、そのほか付属品のように、比較的小さい製品を編むために使用されるが、今はほとんど自動化されている。

3　手横機のゲージ

編機の針の密度を表わす呼び方をゲージという。針と針の間隔を表わすもので、編目の大きさを決定する要素となるものでもある。手横機では1インチ（2.54cm）あたりの針数で表わす。例えば1インチ間の針数が5本の機械であれば「5」「5ゲージ」「5本」などと呼ばれ、「5G」と記載されるのが普通である。

ゲージ数が大きくなるにしたがって編目は細かくなり、小さくなるにしたがって編目は粗くなる。

現在の手動機では、1.5ゲージの機械から18ゲージの機械が一般的に使用されている。

また1.5ゲージは3ゲージ機の針を1本抜きにして使用する場合が多い。

4　手横機の基礎構造

写真1、2の編機は、基本的構造の編機であり特殊装置はついていないものとする。

写真1

写真2

1) 機台（フレーム）

　編機の骨格にあたる部分で、この機台（図1）の上に編機のあらゆる重要な部分が取りつけられている。左右の両端に山型状に作られた上に前後の両針床が取りつけられる。機台に取りつけられた針床を側面から見ると、機台の側面（図2）のように中央部分が45°～52°の角度で傾き、屋根状に設置されている。機台の左側には振り装置R（図1）が設けられ、後方針床を左右方向に1ピッチずつ移動することができる。また振り装置には、左右方向に数ピッチずつ移動できるものもあり、これを段振り装置とも呼んでいる。前面に設置してあるテコ装置（図1、c・d）を下方向に作動させると、前部針床（図2、NB）が落ち針床の上部（図2、C…口あき間隔）が広くなる。これは編成作業中に目落ちや糸切れなどが発生した場合に修復作業を行なうために使用する。

図1　機台

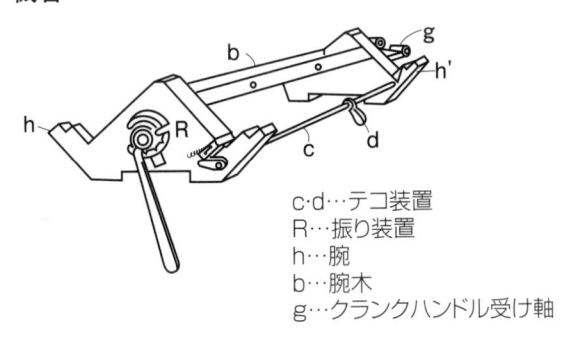

- c・d…テコ装置
- R…振り装置
- h…腕
- b…腕木
- g…クランクハンドル受け軸

図2　機台の側面

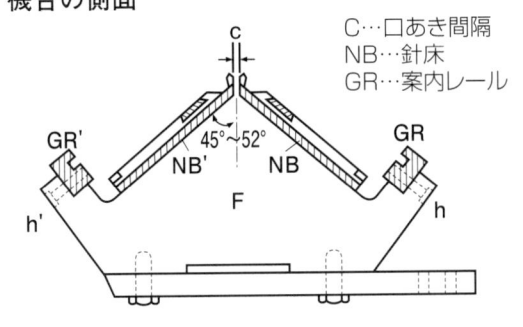

- C…口あき間隔
- NB…針床
- GR…案内レール

2) 針床（NB）（図2）

　針が収納されている部分。針床は鋼鉄で作られていて、その表面にはゲージによって決められた間隔で、溝が刻まれている。その溝に編針が収納され、カムの作用で上下運動を行ないながら編目が形成される。図3は前後針床の溝の出合いを示す図であり、（図3、3-右）は針床に編針を収納している状態を表わしている。針床の重要な部分は、開口部の天歯（くし歯）のところと針溝である。針床の上部に刻まれたくし状の歯のことを天歯（図3、KC）と呼び、編目のループを形成するときに重要な役割をしている。天歯の間隔は、常に均等でなければならない。少しでも不均等な箇所があると、編目の外側が損なわれ、編目不揃いにつながる。また作業中の不注意から損傷しやすい部位でもあるので、損傷した場合には必ず修理をしてから使用する。この部分の構造により編目を形成する糸の太さや、編目の密度が変わってくる。特にシングル組織を編成するときには、欠くことのできない部分である。

図3　針床

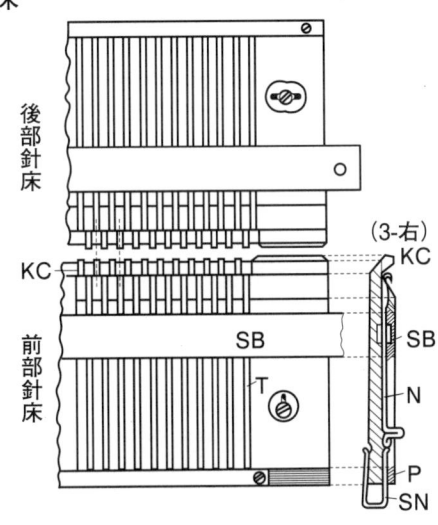

図4　歯口とループの関係

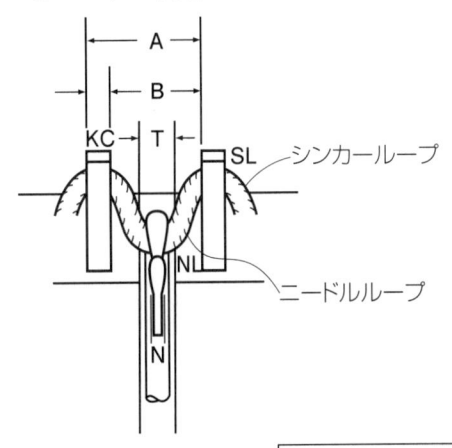

- SL…シンカーループ
- NL…ニードルループ

- KC…天歯
- T…針溝
- A…針間の距離
- SB…帯金
- SN…尻止め
- N…針
- B…針間隔幅

第5章　手横機　53

3) キャリッジ

この装置は手横機の中心となる部分のこと。針床の上を左右に往復しながら、編目の編成を行なう。キャリッジ裏側には編針の運動を行なうすべてのカムが設置されている。また表側にはカムとつながる装置と、糸道やベラ開装置などが設置されている。

キャリッジの構造は、前後の針床をそれぞれ分担するカムボックス（図5、A・B）が中心となっていて、A・Bは針床の傾斜と同じ角度で前後から設置されている。A・Bは上部でCによってつながっている。前面部のカムボックスAの下端には、取手ⓗ（写真3）が取りつけられた押え金ⓔ（写真3）があり、カムボックスの脚部に連結されている。そのことにより案内レール（図5、L）の溝の上をキャリッジが、振動することなく安定して動くことになる。キャリッジ内部に設置されているカム操作は、すべてカムボックスの上部から行なう。

図5　キャリッジの側面図

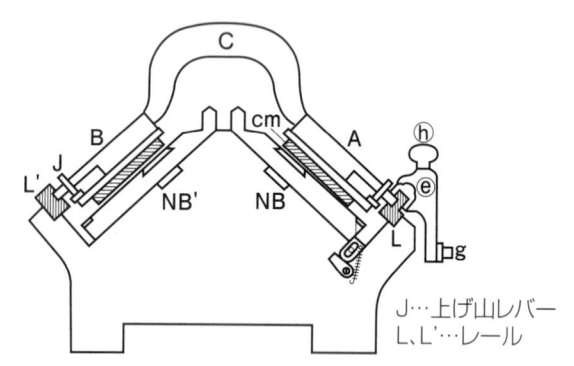

J…上げ山レバー
L、L'…レール

写真3　キャリッジの表側

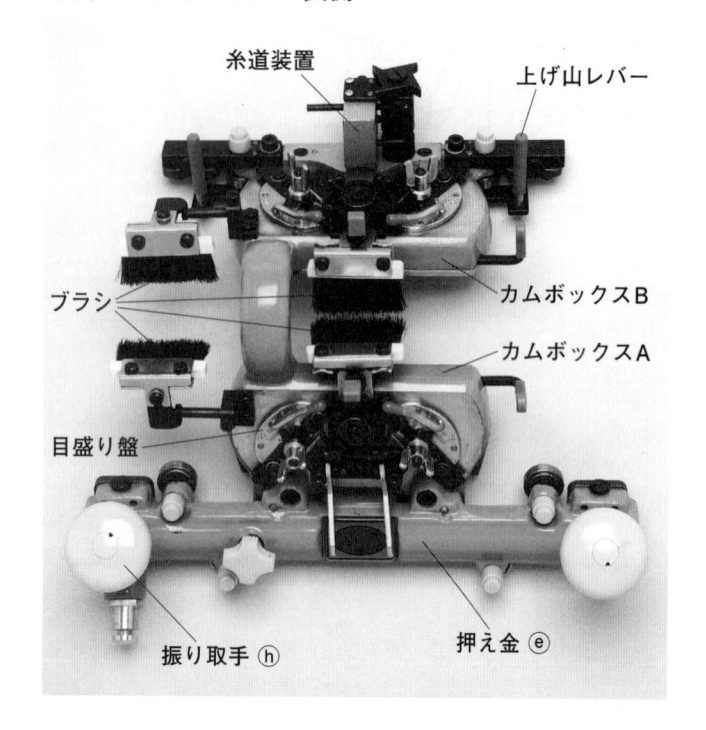

糸道装置
上げ山レバー
ブラシ
カムボックスB
カムボックスA
目盛り盤
振り取手ⓗ
押え金ⓔ

写真4　キャリッジの裏側

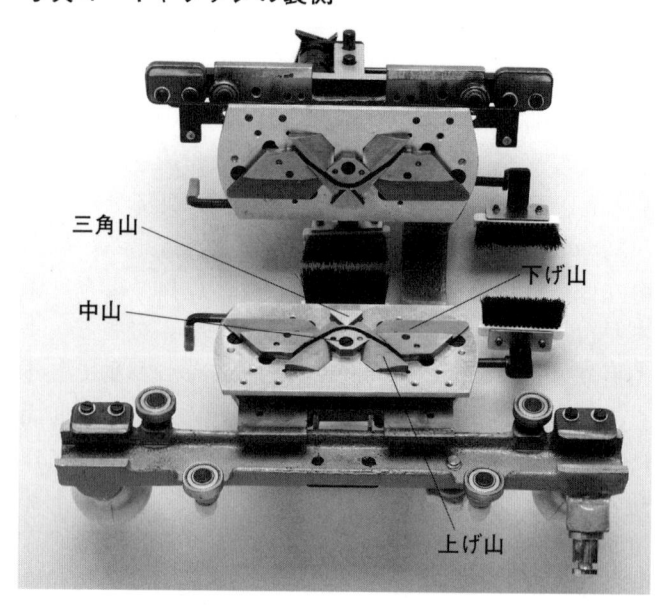

三角山
中山
下げ山
上げ山

・ブラシについて

べら明き、またはべら払いとも呼ばれている。この装置は、編針の上昇により旧ループをフックから針幹に移す際に、開かれたべらが跳ね返って閉じることを防ぎ、フックを開いたままの状態を保ちながら、新ループに糸を確実に受け取らせる補助的な働きをする。

写真4は写真3のキャリッジを裏側から見たものである。

4) カム機構（図6）

手横機のカム装置の平面図解で、キャリッジを表側上部から見た状態を描いた図である。装置1は前面部のロック部分を、装置2は後面部のロック部分を表わしている。カムとは、キャリッジの左右往復運動により編針のバットに作用して、編針を上下運動させ、編目を形成する装置のことである。この一連のカム機構はロックと呼ばれる。カム機構は、上げ山、中山、三角山、下げ山の4種のカムで構成されている。また、これらのカムは、前部針床用と後部針床用の対となっている。

図6　手横機のカム装置の平面図解

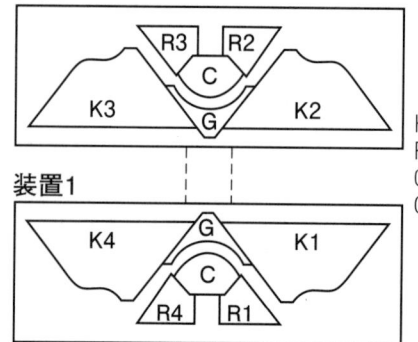

装置2
装置1

K1〜K4…下げ山（度山）
R1〜R4…上げ山（蝶山）
C…中山
G…三角山（受け山）

①上げ山

「蝶山」とも呼ばれ、編針のフックに保たれている旧ループを針幹に移すために、編針を上昇させる働きをする。R1～R4（54ページ、図6）のように左右に分割され、針の作動や不作動を選択することができる。

②中山

「クリアリングカム」とも呼ばれ、上げ山に続いて編針を最高位置にして、旧ループをべらから完全に脱出させて針幹に移し、新しい編目を形成するための糸を受ける準備状態にする働きをする。

③三角山

「受け山」とも呼ばれ、上げ山により最高位置まで上昇した編針が、下降へ移るときの運動を円滑にする働きをする。

④下げ山

「度山」とも呼ばれ、フックに糸を受けた編針を下降させ、針幹に移されている旧ループの中をくぐり抜けさせて新しい編目を作る働きをする。この場合、下がり方が大きくなれば編目は比例して大きくなるので、この上下位置の調節によって編目密度の設定を行なう。この度山の調節はキャリッジの表側にある目盛り板によって設定される。

⑤針の編成経路（図7）

ニット…下げ山K1が実線の場合には、ゴム編、または天竺編が編成されるが、点線の位置に引き上げられると、片畦、または両畦が編成される。

ミス…中央の上げ山Rが上部に引き上げられロックが閉鎖した状態の場合は、編目は編成されない。

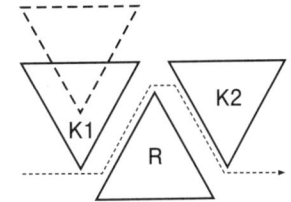

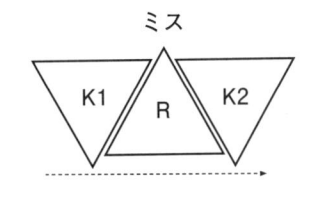

図7

⑥目盛り装置（図8）

目盛り装置とは、下げ山と一体化した装置のことである（54ページ、写真3）。この装置は編目密度を調節する場合の、計器としての役割をする。表面に刻まれた目盛りによって、下げ山の高さを希望の位置にセットすることにより、針を引き上げ、ループの長さを決める。目盛り板の表面には、約1mm間隔で刻まれた0～20までの目盛り線がある。下げ山の心棒を上下させることによってセットする。目盛り板とカムの配置順序は、図8の順序で表示されている。

図8

| 後方の左側 | 後方の右側 | → | 3 | 2 |
| 前方の左側 | 前方の右側 | | 4 | 1 |

5）振り装置（写真5）

前後針床の一方（一般的には、後方の針床）を左右に移動し振り柄と呼ばれる、編目が傾斜した表情を編み出すことができる装置のこと。この振り装置には、二つの方法がある。

- 並振り…針床を1ピッチ間だけ移動できる装置。
- 段振り…針床を同一方向へ順次1ピッチずつ、数ピッチ移動できる装置。移動ピッチ数により三段振り、五段振りなどと呼ばれている。

通常この装置は機械の左側に取りつけられていて、手動により行なわれる。

写真5 振り装置

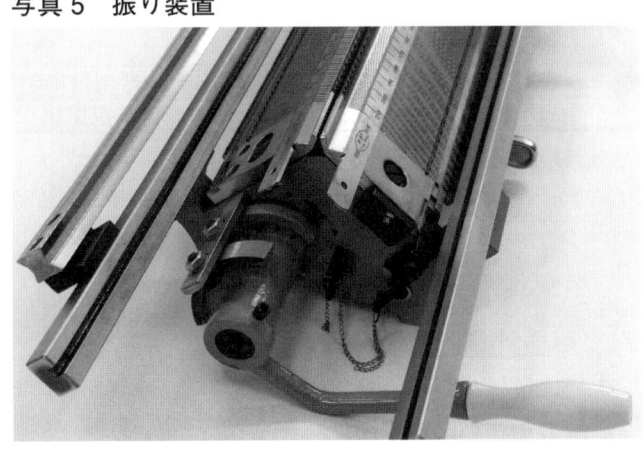

6) 導糸装置（ヤーンガイド）

　編針に糸を正しく導く装置のこと。糸道での糸のからまりや、糸のたるみを取り除く役目をする。糸を巻いたコーンは棚の上に直立に置かれ、そこから図9のように糸道とテンション（TS）を通り、キャリッジ糸口（G）に誘導される。

図9　側面から見た導糸装置

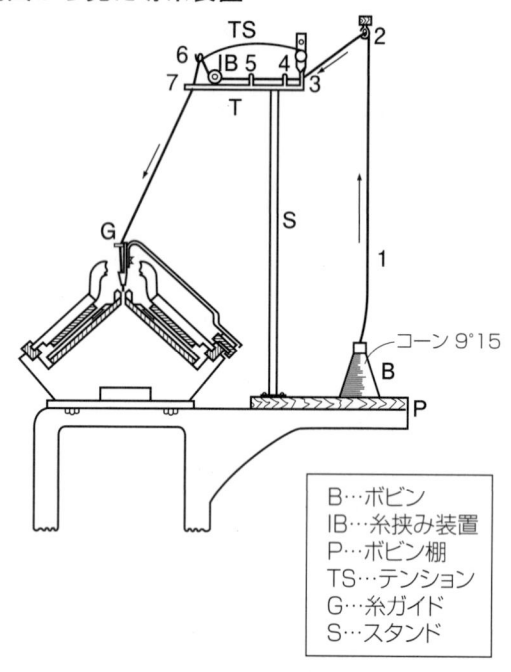

B…ボビン
IB…糸挟み装置
P…ボビン棚
TS…テンション
G…糸ガイド
S…スタンド

7) べら針

　手横機には、べら針が使用されている。このべら針は針の上下運動だけで編目が作られると同時に、各種編み組織の変化に対しても、針の特徴を生かした働きをする。

　べら針の発明・歴史については28ページ参照。

第6章
コンピュータニット

コンピュータニットは横編・丸編・経編すべての分野にも導入されている。この章ではコンピュータ制御横編機のシステムから、実際の作業までを解説する。

1 コンピュータニットのシステム

デザイン構想から編み立てまで、手編みの世界と違うのは、デザイン構想後の作業にコンピュータを使用することである。ニットの基本理論は同じであるが、編機を動かすためには、編機に指令を与える制御プログラム（データ）を作成する必要がある。

1）大まかな作業は4工程

①製品の場合は仕様書など、これから編もうとする編地のデザイン構想を明確にしておく。

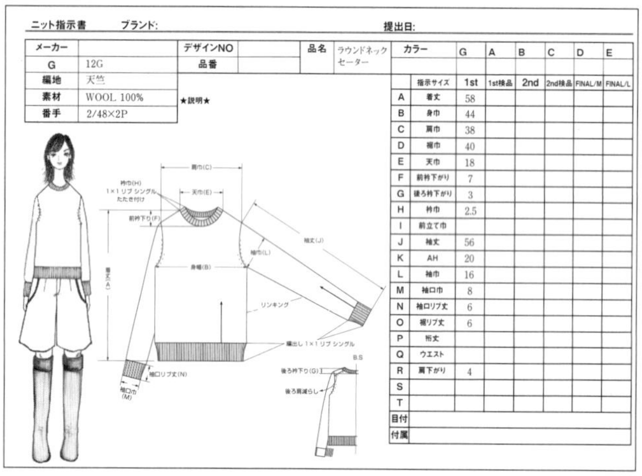

↓

②ニットのCADシステムを利用した編成データを作成する。製品の場合、事前に編んだ風合いサンプルが必要。

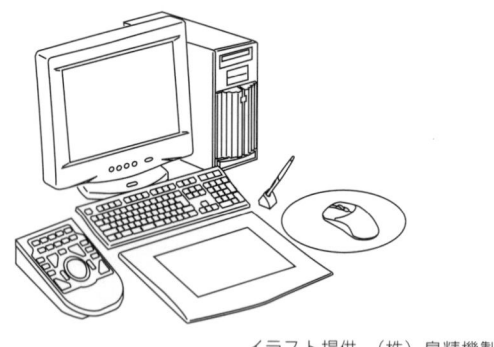

イラスト提供　（株）島精機製作所

↓

③編成データを各種メディア（USB、MOディスクなど）に出力し、編機に入力する。コンピュータのネットワークを利用する場合もある

↓

④コンピュータ制御横編機にて編み立てる。

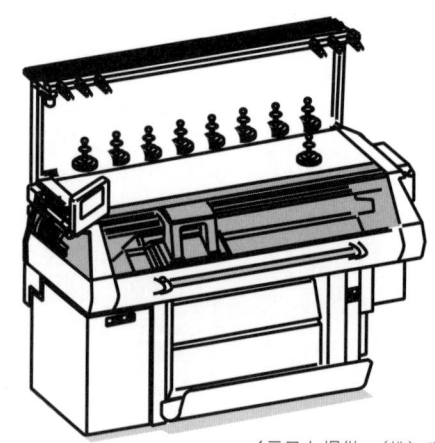

イラスト提供　（株）島精機製作所

2 編機の機種名

コンピュータ制御横編機の名称には、ローマ字と数字で表わしたシンプルなものが多い。読み取り方がわかると編機の特性もわかるので便利である。

・表示例
SSGシリーズ120cm幅2カムシンカーワイドゲージ対応7G（島精機製作所）

```
シリーズ名  編み幅  編成システム数  機種タイプ  機械のゲージ
   ①       ②        ③            ④         ⑤
  SSG     12        2            SV        7G
```

・表示例
CMSシリーズ50インチ幅3カムトランスファーベッド付き12G（ストール）

```
シリーズ名  編み幅  編成システム数  機種タイプ  機械のゲージ
   ①       ②        ③            ④         ⑤
  CMS     50        3            0T        12G
```

①シリーズ名

商品のシリーズ名。ストールでは「CMS」、島精機製作所では「SES」「SIG」「SSG」「FIRST」「SWG」「MACH 2」「LAPIS」などがある。

②編み幅

ニードルベッドの幅を表示。

・メインの編機

※ 島精機製作所　センチ表示
　120cm（48インチ）～230cm（90インチ）

※ ストール　インチ表示
　45インチ～96インチ

・針本数の出し方
ニードルベッド幅（インチ）×機械のゲージ＝針本数
例）48（インチ）×7（ゲージ）＝336本

上記の計算により片面の最大針本数を知ることができ、編地幅の予測が可能である。

③編成システム数

システム(S)数とはキャリッジ内のカム数のことをいう。2カム、3カム、4カムの編機がある。ほかに小物用編機で1カムがあり、3カムのタンデム編成(結合)で6カムもある。例えば3コース1柄のミラノリブなどの編地は3カム以上の編機の場合効率がよい。

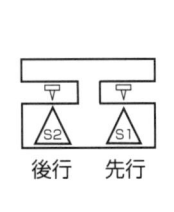

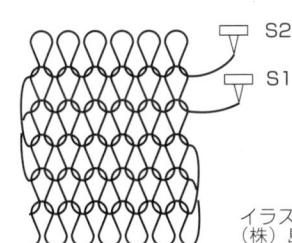

イラスト提供
(株)島精機製作所

④機種タイプ

下記の機種は島精機製作所の主なタイプである。針やニードルベッドの形状、そのほか編機の特性を表わす。

- F,FF…フルファッション（成型）
- S………可動シンカー
- RT……リブトランスファー
- CS……コンパウンドニードル＋可動シンカー
- WG……ホールガーメント
- SV……ワイドゲージ
- X ……4面ベッド　など

ストールは可動シンカーが標準装備であったり、編機の互換性があるため、ニードルベッドごとゲージ交換できる、ゲージコンバージョンが可能など、また違った特色もある。

主な機種タイプはベーシックタイプ以外では下記の機種がある。

- C……コースゲージ
- multi gauge……マルチゲージ
- T……トランスファーベッド付き
- knit and wear ……無縫製　など

⑤機械のゲージ

旧タイプでは20G以上の編機もあるが、現在は3G～18Gの編機が発売されている。また、針の改良などにより、幅広いゲージ対応ができ、固定のゲージ表示ではなく、針抜き編成によるゲージや針ピッチによる表示など多様化している。

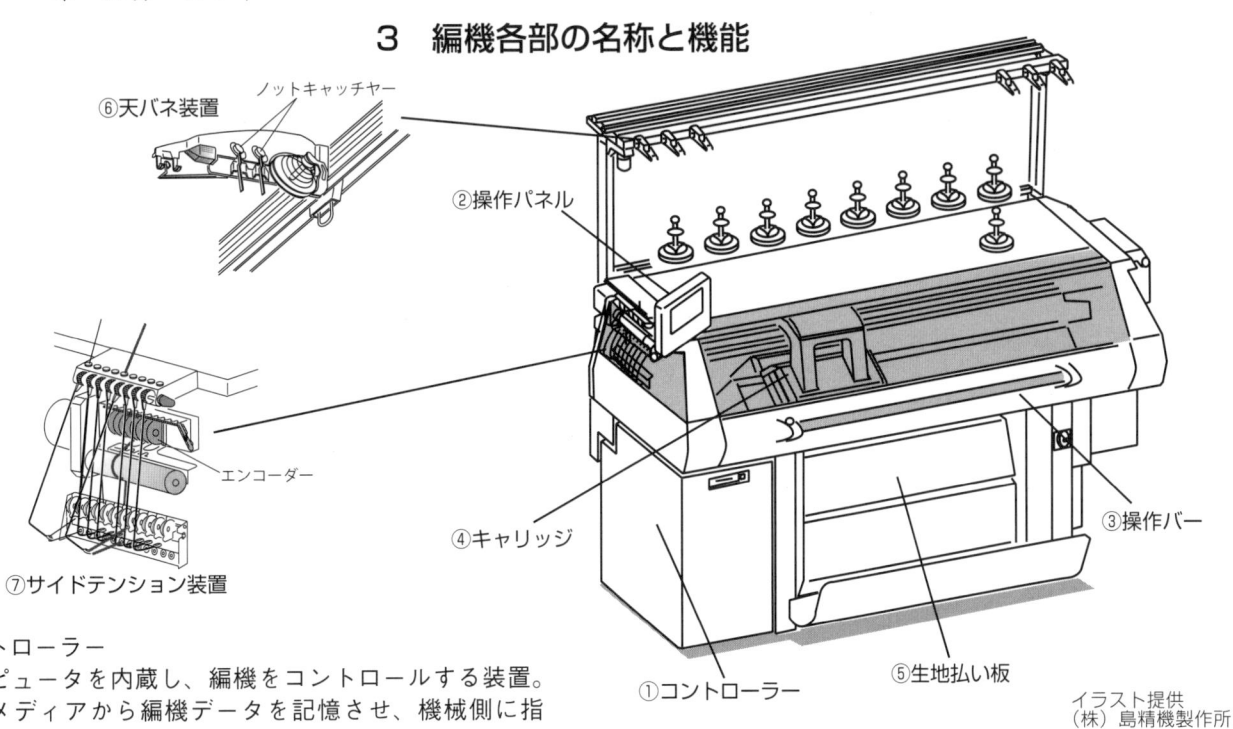

3　編機各部の名称と機能

イラスト提供
(株)島精機製作所

① コントローラー
　コンピュータを内蔵し、編機をコントロールする装置。各種メディアから編機データを記憶させ、機械側に指令を与える。

② 操作パネル
　操作キーにて各種メディアからコントローラーへ、データ入力、修正の操作をする。画面にて、各種データの表示をしたり、運転情報の確認をする。

③ 操作バー
　キャリッジの運転と停止を操作。運転エラーの解除にも使用する。

④ キャリッジ
　針の動きを制御する。選針装置、編成カム機構、目移し装置、度目装置、色糸転換装置、ステッチプレッサー、ダストクリーナーなどを装備している。

⑤ 生地払い板
　編み上がった編地を編機の前側に払い落とす。

⑥ 天バネ装置
　糸張力の強弱を調整する。また、ノットキャッチャーにて糸の結び目など、糸こぶを検出し、小さい糸こぶは低速運転、大きい糸こぶはキャリッジ停止させるなど、編みキズが出ないよう、糸によるエラーを防ぐ。

⑦ サイドテンション装置
　キャリッジ反転時の糸のたるみを吸収する。エンコーダーは糸の使用量を測り、自動的に編目の大きさを決める装置で、DSCS（72ページ参照）用に使用される。

キャリア・転換部
　キャリアにて色糸を選び、ヤーンフィーダーで糸を歯口の近くまで導く。ヤーングリッパーで糸を保持し、ヤーンカッターで端糸を切る。

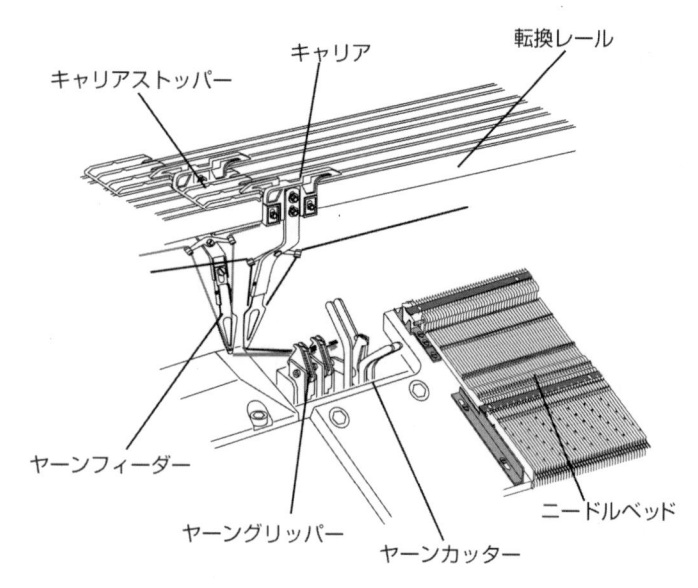

ニードルベッド
　前後のニードルベッドには編針がセットされ、選針するためのジャック、セレクトジャック、セレクターなどが配置されている。シンカーループを押さえるためのシンカープレートが針と針の間にセットされている。シンカーは固定式と可動式がある。

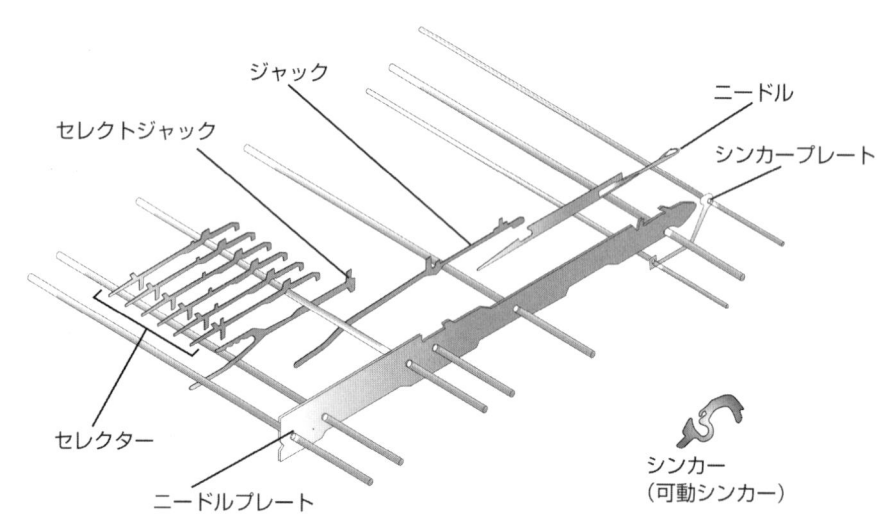

その他
　編機内部には後ろニードルベッドを左右に動かすラッキング装置や、編地を引き下げるための巻き下げ装置として編み出し針、サブローラー、メインローラーがある。

イラスト提供　（株）島精機製作所

4　ニットCADシステム

　高性能で多様化した編機の開発に伴い、編機を動かすための制御プログラム（データ）も複雑なものが必要である。この編機のプログラムは、ニットCADシステムを使用して作成する。ニットCADシステムは編機メーカーが開発した専用コンピュータを活用する。ニットCADとしての機能のほかにも、アパレルデザイン企画から製品の販売促進分野まで関連作業への様々な機能を備えているものもある。

主なCADシステム
・アパレルワークステーション「SDS－ONE APEX」、「SDS－ONE」…（島精機製作所）
・パターンワークステーション「M1　PLUS」…（ストール）
　編機メーカーによって編み立てまでのデータ作成処理方法が異なるため、以降「SDS－ONE」（デザインシステム）を例に一連の流れを紹介する。

1) デザインシステムの主な機能

①ニットプログラミング
(ニットCADシステムとしてのメインの機能)
- knit CAD……型紙から目数に自動変換するソフト。
- ループ編集……組織柄データベースの利用、編集により画面上で編目による製品イメージを確認できる。
- パッケージソフト……元絵の描画を簡単にするための機能で、複雑に展開されるニットのプログラムに対応する。
- 自動制御ソフト……編機で編成するためのデータを自動的に作成。

②企画・デザイン
ドローソフトやパントーン社のカラーデータベースなどを利用して、スタイル画、ハンガーイラストから配色提案、仕様書作成までデザインワーク全般に対応できる。テキスタイルソフトや柄データベースを利用し、織りの分野までシミュレーションできる。付加価値としての刺繍も刺繍ソフトでシミュレーション可能。

③型紙作成
パターンメーキング、グレーディング、マーキング(PGM)機能があり、ニット、布帛両方の型紙作成が可能。内蔵のパターンデータベースを利用することもできる。

④バーチャルサンプル
現物サンプルをすべて編成しなくても、バーチャルでデザインの確認やプレゼンテーションが行なえる。
- 糸作成……現物の糸をスキャナー入力、撚糸機能でアレンジしたり画面上で一から糸を作成することも可能で、糸データとして登録できる。
- ループシミュレーション……実際の編成データに基づき、入力された糸データを使用して画面上で編み立てをするので、現物に近い風合いでループシミュレーションされる。
- マッピング……シミュレーションされた編地をサンプルの写真にマッピングする。

⑤その他
高度な画像処理能力により、カタログ、ポスター作成から店舗ディスプレーなどのシミュレーションまでVMD(ビジュアルマーチャンダイジング)全般に対応できる。横編機だけでなく、同社の各種生産機器のデータ作成も行なえる。

目的に合わせ、各機能を利用すれば、企画から生産、流通まで各分野で一貫したデータの使用や、製品のコスト削減にもつながる。

デザインシステムの開発もさらに進んでおり、3次元での表現を可能にした3Dバーチャルシミュレーションを特徴とした新機種も出ている。

2) 編地と色番号

編機を動かすための編成データの中でも一番重要な編地本体の組織をデータ化するために、「色番号」を使用する。表目は色番号1(赤色)、裏目は色番号2(緑色)といったように編目一つ一つの動きを「組織の色番号」によって表わす。デザインシステムの画面上の1ドットを1目として表現する。

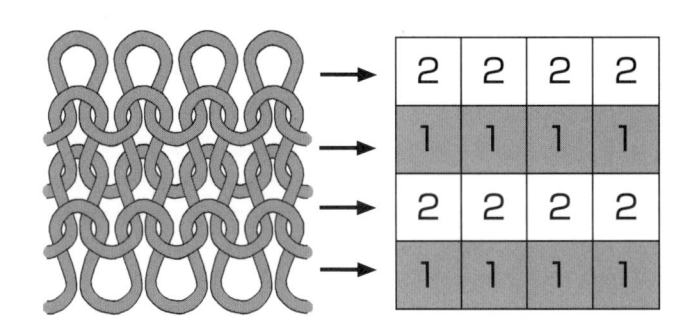

色番号はニット、タック、ミスの他に、交差、寄せ、移し、ジャカードやインターシャに対応する色番号など他にもたくさんの色番号が用意されている。

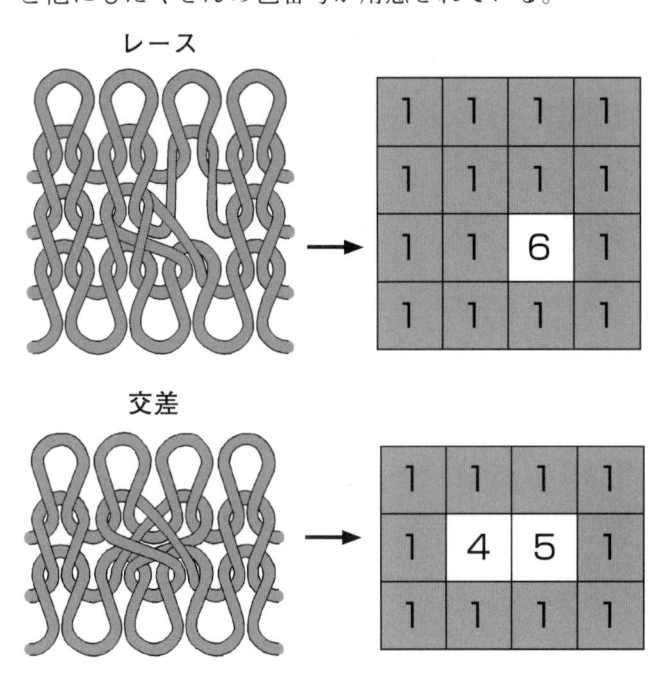

3) 色番号表（一部のみ抜粋）

ニット	1	前ニット（表天竺）	ニット＋交差	4	表目ニット（下）　表交差①
	2	後ニット（裏天竺）		5	表目ニット（上）　表交差①
	3	前後ニット（ゴム編）		14	表目ニット（下）　表交差②
	51	前ニット（リンクスなし）		15	表目ニット（上）　表交差②
	52	後ニット（リンクスなし）		5	表目ニット（上）　表裏交差①
タック	11	前タック		10	裏目ニット（下）　表裏交差①
	12	後タック		15	表目ニット（上）　表裏交差②
	41	前ニット・後タック（リンクスなし）		100	裏目ニット（下）　表裏交差②
	42	前タック・後ニット（リンクスなし）	ニット＋目移し	21	前ニット＋1P左移し↖
ミス	0	ミス		22	前ニット＋2P左移し↖
	16	無選針		23	前ニット＋3P左移し↖
	99	リンクス処理コード		24	前ニット＋1P右移し↗
	13	柄拡ポイント		25	前ニット＋2P右移し↗
度違い	27	前ニット度違い（−）		26	前ニット＋3P右移し↗
	28	後ニット度違い（−）		31	後ニット＋1P左移し↙
	37	前ニット度違い（＋）		32	後ニット＋2P左移し↙
	38	後ニット度違い（＋）		33	後ニット＋3P左移し↙
ニット＋寄せ	6	前ニット＋1P左寄せ↗		34	後ニット＋1P右移し↘
	62	前ニット＋2P左寄せ↗		35	後ニット＋2P右移し↘
	63	前ニット＋3P左寄せ↗		36	後ニット＋3P右移し↘
	64	前ニット＋4P左寄せ↗		20	前ニット＋目移し↑
	7	前ニット＋1P右寄せ↖		29	前ニット＋目移し↓
	72	前ニット＋2P右寄せ↖		30	後ニット＋目移し↓
	73	前ニット＋3P右寄せ↖		39	後ニット＋目移し↑
	74	前ニット＋4P右寄せ↖		40	前ニット＋目移し↑↓
	8	後ニット＋1P左寄せ↘		50	後ニット＋目移し↓↑
	82	後ニット＋2P左寄せ↘	割増やし	101	割増やし前ニット
	83	後ニット＋3P左寄せ↘		102	割増やし後ニット
	84	後ニット＋4P左寄せ↘		106	割増やし前ニット＋1P左寄せ↗
	9	後ニット＋1P右寄せ↙		107	割増やし前ニット＋1P左寄せ↖
	92	後ニット＋2P右寄せ↙		108	割増やし後ニット＋1P右寄せ↘
	93	後ニット＋3P右寄せ↙		109	割増やし後ニット＋1P右寄せ↙
	94	後ニット＋4P右寄せ↙			

4) オプションライン機能一覧表（一部のみ抜粋）

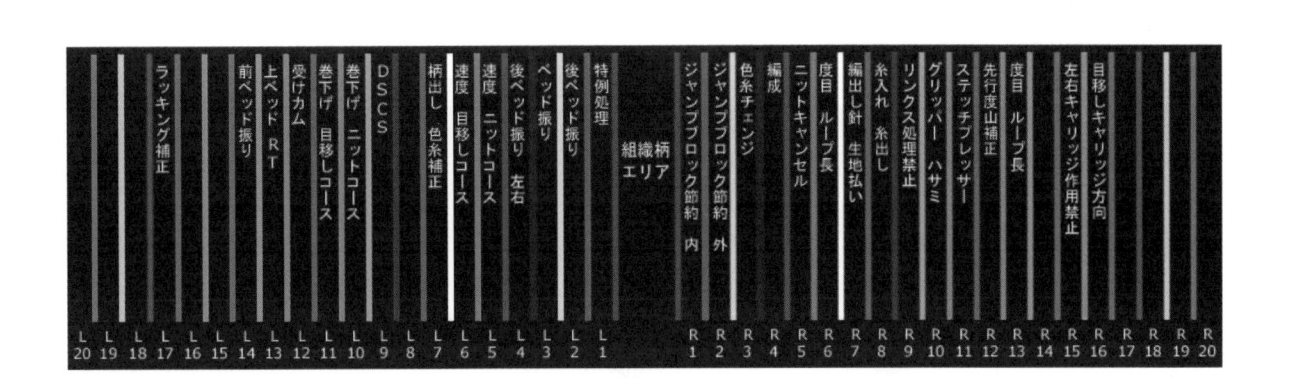

オプションライン配置（L20〜L1、R1〜R20）:

L20	—
L19	ラッキング補正
L18	—
L17	前ベッド振り
L16	上ベッドRT
L15	受けカム
L14	巻下げ目移しコース
L13	巻下げニットコース
L12	—
L11	DSCS
L10	柄出し 色糸補正
L9	—
L8	速度 目移しコース
L7	速度 ニットコース
L6	後ベッド振り 左右
L5	後ベッド振り
L4	—
L3	特例処理
L2	組織柄エリア
L1	—
R1	ジャンプブロック節約 内
R2	ジャンプブロック節約 外
R3	色糸チェンジ
R4	編成
R5	ニットキャンセル
R6	度目 ループ長
R7	編出し 生地払い
R8	糸入れ 糸出し
R9	リンクス処理禁止
R10	グリッパー ハサミ
R11	ステッチプレッサー
R12	先行度山補正
R13	度目 ループ長
R14	—
R15	左右キャリッジ作用禁止
R16	目移しキャリッジ方向
R17〜R20	—

			色番号	
L2	振りピッチ指定			機種・ゲージによって指定出来る振りピッチは異なります
L3	振り 1/2P, 1/4P, 0P指定		0	1/2P
			2	0P
L4	振り左，右指定		0	左
			1	右
L8	ジャカード指定	2色	12	シングルジャカード
			22	ダブルジャカード(裏総針)
			32, 42	ダブルジャカード(裏1X1)
		3色	13	シングルジャカード
			23	ダブルジャカード(裏総針)
			33, 43	ダブルジャカード(裏1X1)
		4色	14	シングルジャカード
			24	ダブルジャカード(裏総針)
			34, 44	ダブルジャカード(裏1X1)
		5色	15	シングルジャカード
			25	ダブルジャカード(裏総針)
			35, 45	ダブルジャカード(裏1X1)
		6色	16	シングルジャカード
			26	ダブルジャカード(裏総針)
			36, 46	ダブルジャカード(裏1X1)
L10	巻き下げNo.指定（ニットコース）		1〜31	巻き下げNo. 1〜31
L11	巻き下げNo.指定（目移しコース）		1〜31	巻き下げNo. 1〜31

		色番号	
R1	ジャンプ節約指定（内側）	1, 2	柄+制御の繰り返し
R2	ジャンプ節約指定（外側）		
R3	色糸チェンジ指定	1〜127	色糸パターン 1〜99
R4	編成カム指定	0	1ライン1システム（シングルニット）
		6　7	NラインNシステム
R5	ニットキャンセル指定	1	ニットキャンセル
		2	キャリッジ移動
R6	度目指定	5	度目番地5（グランド）
		6	度目番地6（グランド）
		13	度目番地13（編み出し）
		14	度目番地14（裾ゴム）
		17	度目番地17（粗目）
R10	グリッパー指定	41	オートグリッパー
R11	ステッチプレッサー指定	1	ステッチプレッサーON
		4	ステッチプレッサーOFF

第6章　コンピュータニット

5) 編成データの種類

編機を動かすための編成データには主なもので9種類ある。自動制御処理で作られるデータと、通常編機で直接入力、調整するデータに分かれている。

①自動制御処理で作られるデータ

- 制御データ……キャリッジ1コースごとにキャリッジおよび機械各部に編成指令を与える。
- 柄データ……編地の柄を決める。
- 柄出しデータ……編む位置や柄を出す位置を決める。
- 色糸データ……キャリア（色糸）を指定する。
- 節約データ……制御データで、同じ編み方を繰り返すときにその回数を決める。
- キャリア初期設定データ……編成開始前のキャリアの位置を登録する。

②編機調整用データ

- 度目データ……編目の大きさを調整する。
- 巻き下げデータ……編地を引き下げる力を調整する。
- 色糸補正データ……キャリアを止める位置を補正する。

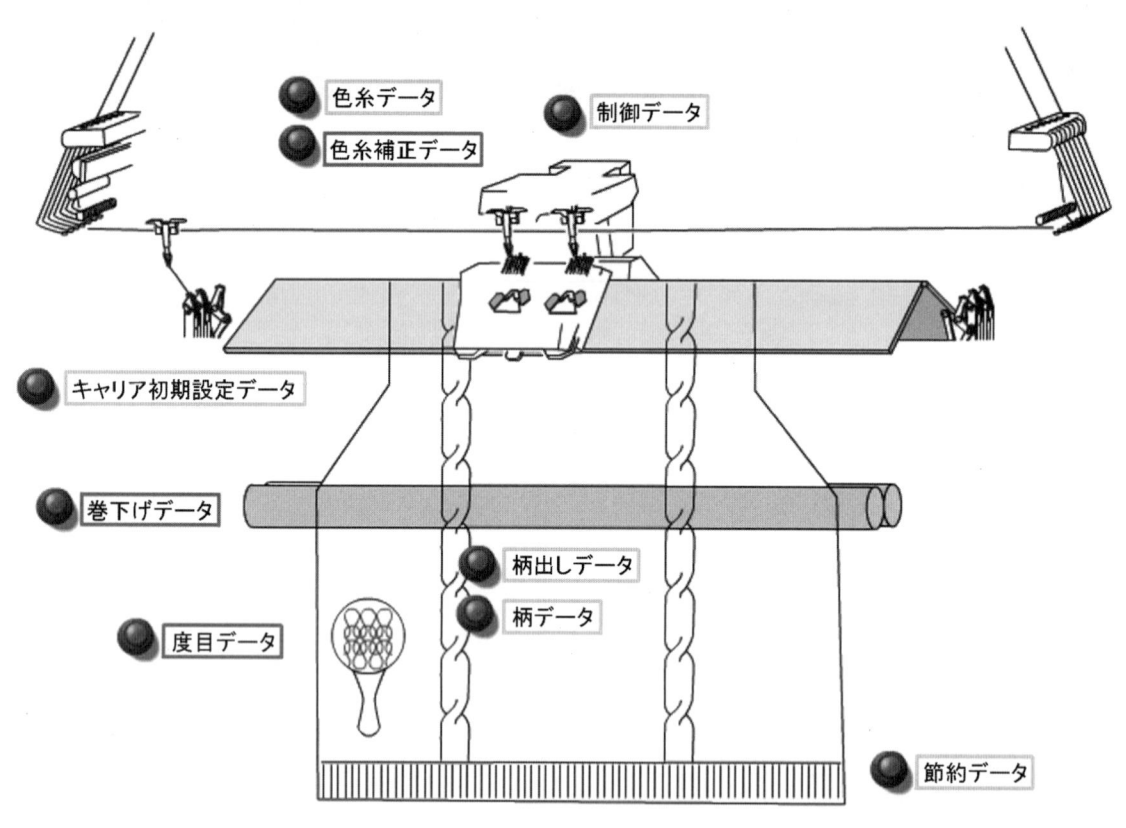

イラスト提供　（株）島精機製作所

5　成型編

通常の服作りでは、パターンの形に裁断し、縫製するのが基本であるが、横編ニットでは、パターンの形に編目を裁断することなく連続した状態で成型して編み立てするのが一般的である。成型編は、編み出しリブを編み続きで編成できるということと並んで、横編ニットの最大の特徴の一つである成型の減目によってできる重ね目は、ファッションマークとも呼ばれる。

商品企画を進めていく場合においては、成型編の特徴を理解したうえでデザインを決定する。例えば、編み立て上無理のあるパターンの成型編（減目や増目の角度が急すぎる、パネル状の切り替えが多すぎるなど）は素材選びも限定され、コストアップや、量産時のトラブルなどの原因ともなりやすいので、充分な注意が必要である。またファッションマークなどはデザイン効果としてうまく取り入れて企画することも重要なポイントである。

ファッションマーク

1) 成型編の主なテクニック

①編み出し

裾や袖口など編地を編成するための最初の編目を作ることをいい、「止め編」を行なう。一般的にはゴム編編成後、袋編を行なう。袋編は通常1.5回〜2回とする（7章、85ページ参照）。

②増やし

突き上げ

端で1目ずつ編目を増やす方法。編み端にて針を1本ずつ突き上げ、編成可能状態とする。1コース目で引っ掛け目を作り、次のコースで完全ループにする。目の掛け方と編み方向によって、ループが作れない場合があるので、注意が必要。

内増やし

編み端より内側で1目ずつ編目を増やす方法。内側から外側へ複数目を一括して1ピッチ寄せて編み幅を増やす。寄せで生じた空針が透かし目となり1目穴があく。

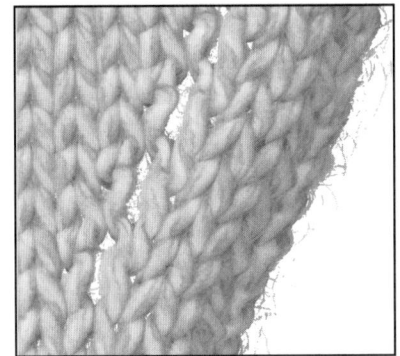

割増やし

編み端より内側で1目ずつ編目を増やす方法。内側から外側へ複数目を一括して1ピッチ寄せて編み幅を増やす。寄せで生じた空針に旧ループを掛ける「割増やし編」で穴があくのを防ぐ。ただし、編機によっては割増やしが不可能であったり、カムなどのパーツ交換が必要な機種もある。

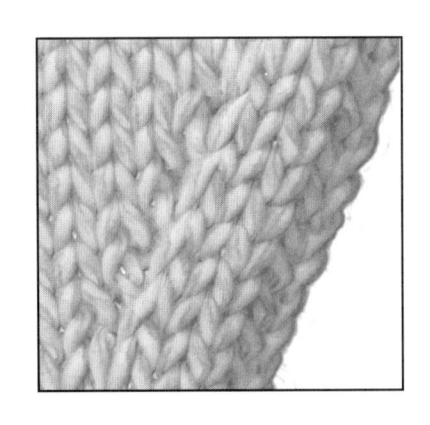

③減らし

外減らし

端で編目を減らす方法。編み端の目を内側に寄せて減らしを行なう。通常、減らす目数は1〜2目にする。ただし目立て部分がないのでリンキング縫製（8章、100ページ参照）では目通しできない。天竺以外の変化組織編や、ジャカード編などに用いられることが多い。

1ピッチ減らし　　2ピッチ減らし

内減らし

編み端より内側で編目を減らす方法。通常、減らす目数は1〜3目。縫製したときに、縫い代より内側にくるように減らすことで、デザインポイントとして使用する。

1ピッチ減らし　　2ピッチ減らし

大減らし

内減らしの一種で、特に寄せる目数が多いものをいう。ダーツの成型や、デザイン線として用いられる。

伏せ目

真横に編目を減らす箇所の編成方法。外側から1目(または2目)ずつ1ピッチ寄せとニットを繰り返す。何目でも減らすことができる。アームホールの減らしの始まりや、丸首成型の衿ぐりなどに用いられる。

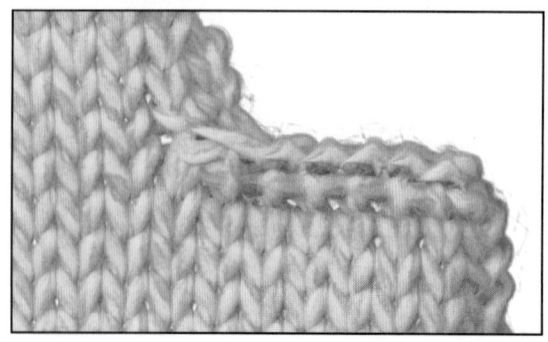

2目ニット伏せ目

落とし目（払い）

編成終了部分などの目を払う方法。払う部分の編目がほどけないように、捨て編を2cm程度編んでから、給糸せずに編目をべらごしすることで編地を落とす（払う）。払った目は、手始末かリンキングで処理をする。

④引返し編

傾斜やカーブをつけたいときに三角状に編む方法。部分的に編成を休止させ、段数に差をつけることで成型する。休止編とも呼ばれる。段差の部分は掛け目（タック編）をして穴があくのを防ぐ。編機のタイプや形状によって引き返せる段数が変わってくるので、注意が必要である。主に後ろ下がりや、肩下がりをつけるときに用いる。ほかにバストダーツなどの立体表現や、フレアスカートなどにもこの引返し編が使われる。

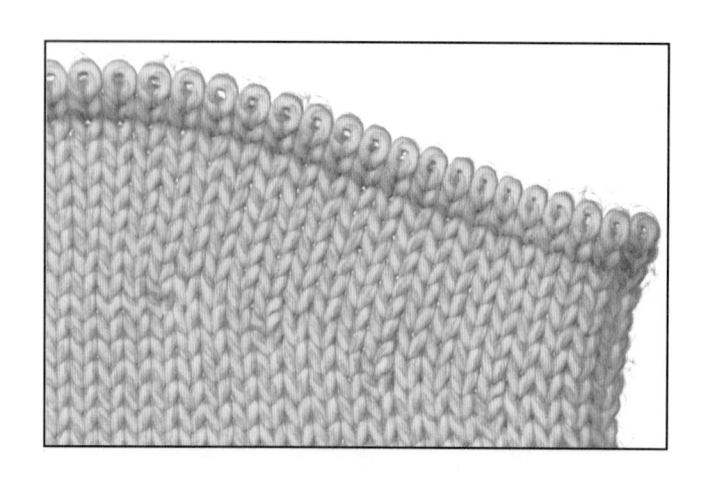

2) 成型編の設計

成型編では、まず使用素材で試編（風合いサンプル テストピース）をして、風合いや度目を決定してから

その編地を基に回数書きと呼ばれる「編立て仕様書」を作成する。もちろん、あらかじめ仕様サイズを極力詳細に明記した仕様書またはパターン（縮尺パターンでもよい）を用意しておく必要がある。

①風合いサンプル編み立て

風合いサンプルはあらかじめ3～4段階の度目風合いで編み立てておくとよい。度目の切り替わりはレースポイントまたは捨て糸を入れるなどしてわかるようにしておく。編地ゲージを測るときの目安になるように、編地の中にも基準目数分のレースポイントを入れておくと、より正確に編地ゲージを測ることができる。また、裾リブの試編もしておくとよい。

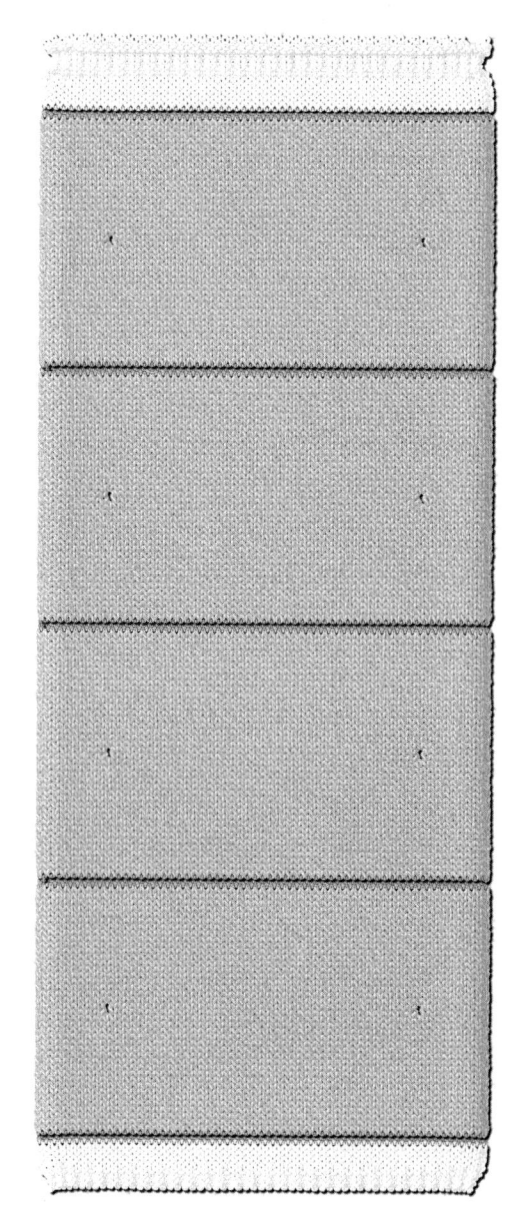

風合いサンプル（テストピース）

②編地ゲージの測定

　風合いサンプルで編地度目が決定したら、右ゲージ測定例のように、縦（Y）と横（X）の１cmあたりの目数を算出する。これが回数書き作成の基準編地ゲージとなる。ニットの性質として、編み端は比率が変わるので、極力編地の中心部分でゲージを測る。

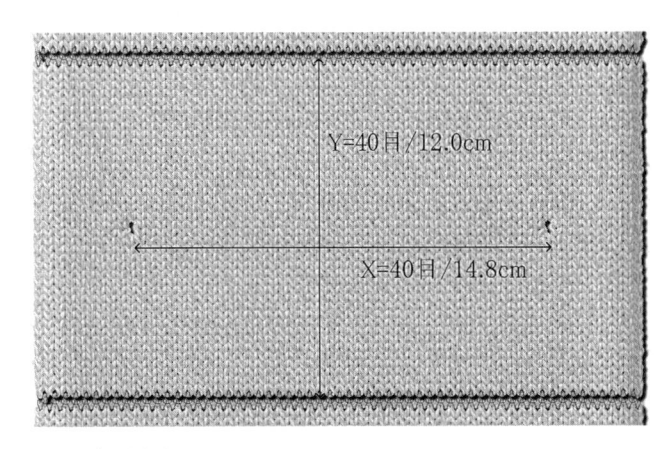

Y＝40目／12.0cm
X＝40目／14.8cm

ゲージ測定例
基準編地ゲージ：X＝2.7目／1cm　Y＝3.3目／1cm

③回数書き作成

　寸法と編地ゲージを基準に、回数書きを作成する。減らしまたは増やし角度の計算だが、まず減らし始めと減らし終わりの幅と、減らしをする段数を算出してから、減らし個数を算出する。通常減らしピッチは１〜３目減らし、増やしピッチは１目増やしにして計算する。

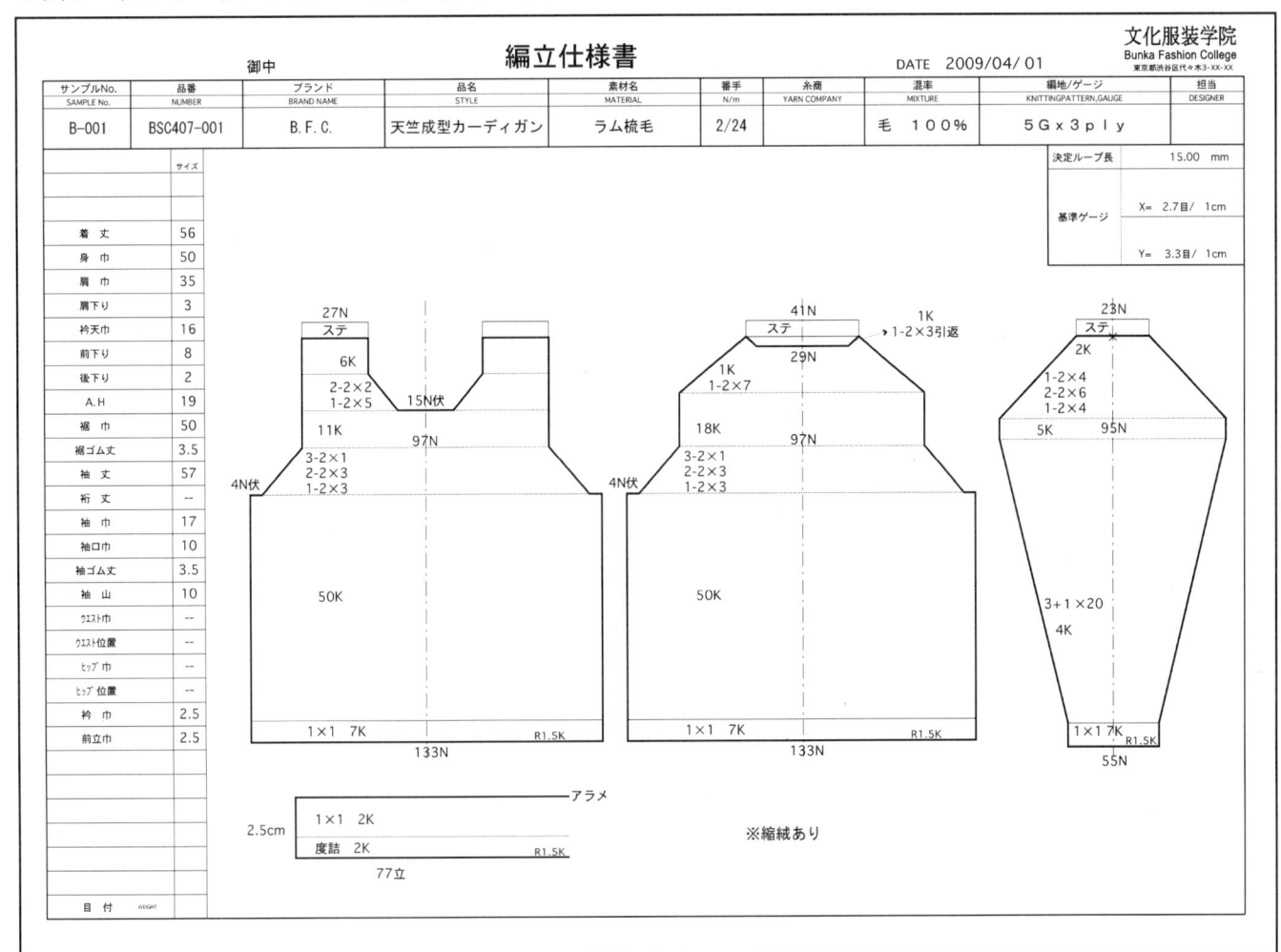

編立仕様書　　　文化服装学院
DATE　2009/04/01
Bunka Fashion College
東京都渋谷区代々木3-XX-XX

サンプルNo.	品番	ブランド	品名	素材名	番手	糸商	混率	編地／ゲージ	担当
B-001	BSC407-001	B.F.C.	天竺成型カーディガン	ラム梳毛	2/24		毛 １００％	5G×3ply	

決定ループ長　15.00 mm
基準ゲージ　X＝2.7目／1cm
　　　　　　Y＝3.3目／1cm

	サイズ
着丈	56
身巾	50
肩巾	35
肩下り	3
衿天巾	16
前下り	8
後下り	2
A.H	19
裾巾	50
裾ゴム丈	3.5
袖丈	57
裄丈	--
袖巾	17
袖口巾	10
袖ゴム丈	3.5
袖山	10
ウエスト巾	--
ウエスト位置	--
ヒップ巾	--
ヒップ位置	--
衿巾	2.5
前立巾	2.5

前身頃：
27N ステ
6K
2-2×2
1-2×5　15N伏
11K　97N
3-2×1
2-2×3
1-2×3
4N伏
50K
1×1　7K　R1.5K
133N

後身頃：
41N ステ
1K　　　　　1K　1-2×3引返
1-2×7
29N
18K　97N
3-2×1
2-2×3
1-2×3
4N伏
50K
1×1　7K　R1.5K
133N

袖：
23N ステ
2K
1-2×4
1-2×6
1-2×4
5K　95N
3+1×20
4K
1×1　7K　R1.5K
55N

アラメ
2.5cm　1×1　2K
度詰　2K　R1.5K
77立

※縮絨あり

目付　WEIGHT

回数書き作成例

第6章　コンピュータニット

3） コンピュータ横編機での成型柄作成

コンピュータ横編機では、回数書きを作成しておくか、あるいはデザインシステム上で比較的容易に成型柄を作成することができる。基本的に、画面1ドット1目で描くことができるのでポイントとなる寸法と丈を計算して、描画を行ないながら成型編のパターンを作成していく。また、デザインシステム内のニットペイントソフトを使用して、より複雑な成型プログラミングの作業を効率よく進めることが可能である。

①ニットペイントを使用した成型柄作成

ニットペイントは、ニットプログラム作成自動化ソフトである。これを利用して柄作成をするメリットは、下記のとおりである。

- 回数書きの作成の自動化
- プログラミングの難易度が高い成型柄、特に組織柄を組み合わせたものやVネック成型柄の作成が比較的容易に作成できる。
- ループシミュレーションと編成チェック機能を活用すれば、編み立て前にエラー箇所や編み立てが困難な箇所を確認・修正できる。
- 組織柄を組み合わせた成型柄の場合、非常に困難な寸法と組織柄の修正が、実目数で行なえる。

ニットペイントは、ニットプログラム作成ソフトとパターン作成ソフト、画像加工ソフトとリンクすることが可能で、パターン作成されたものをそのまま目数に変換したり、ループシミュレーションを編機プログラミングと同時に活用することで、サンプル作成にかかるリードタイムを大幅に短縮することが可能である。

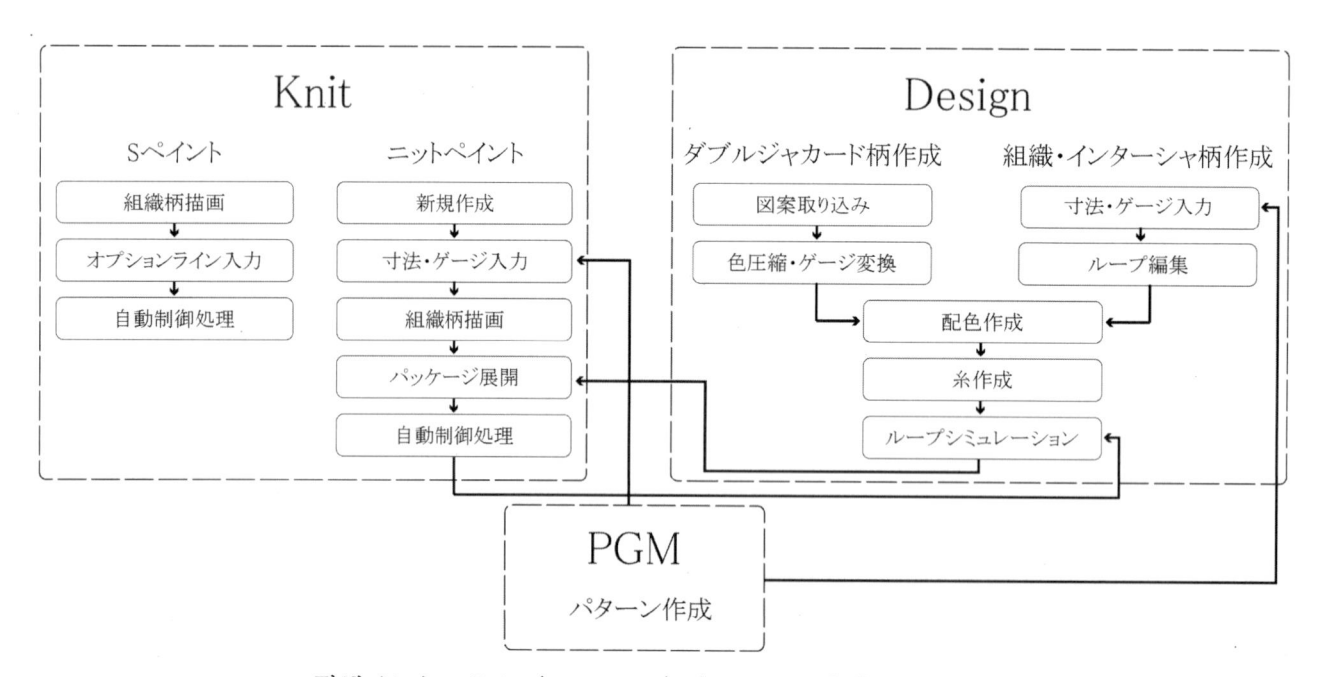

デザインシステム（SDS-ONE）各ソフトの作業チャート図

②ニットペイントを使用した成型柄作成の流れ

　ニットペイントを起動し、「新規作成」ボタンをクリック、柄の名前・保存先・編み立て機種を入力する。「入力モード」は「寸法入力」にしておくと、サイズ修正が可能になるので便利である。

　内蔵されている成型パターンの中からパターンを選択する。

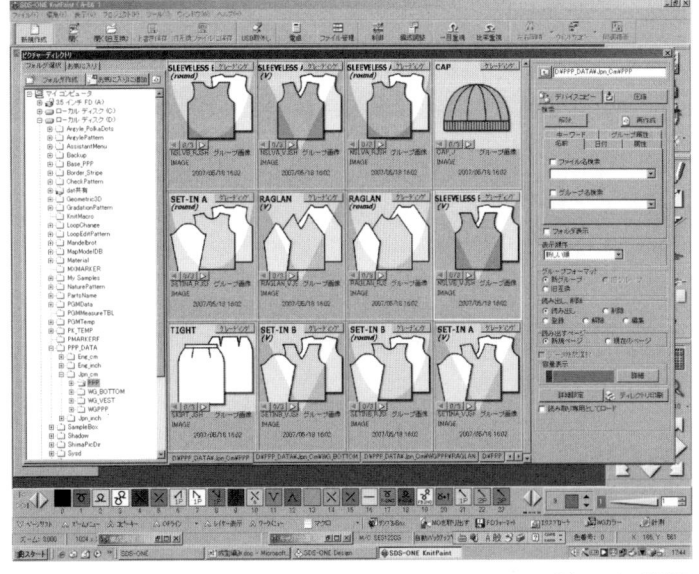

パターン選択

　寸法入力メニューでは、キーボード入力で任意にサイズ修正が可能である。サイズ入力が済んだら「決定」ボタンをクリックする。
　「決定」をクリックすると、型紙選択メニューで、使用するパーツを選択する。選択したパーツは同時にゲージ変換が行なわれる。

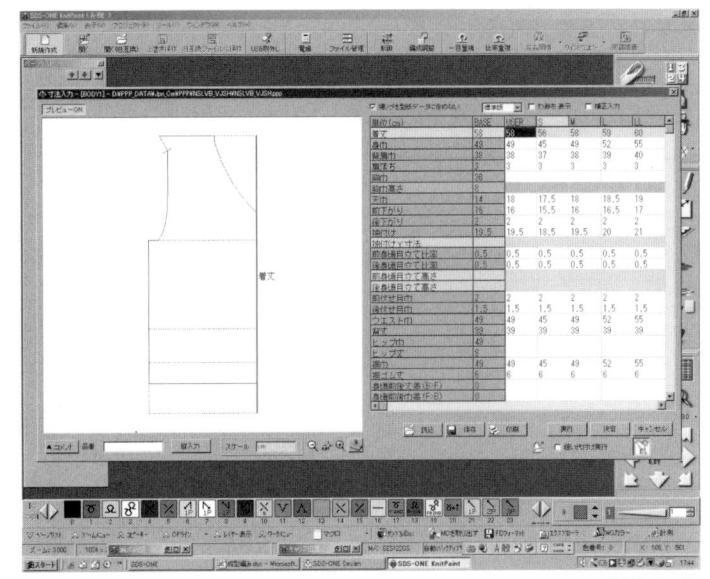

寸法入力

　ゲージ変更メニューで、風合いサンプルで測った編地ゲージを入力する。

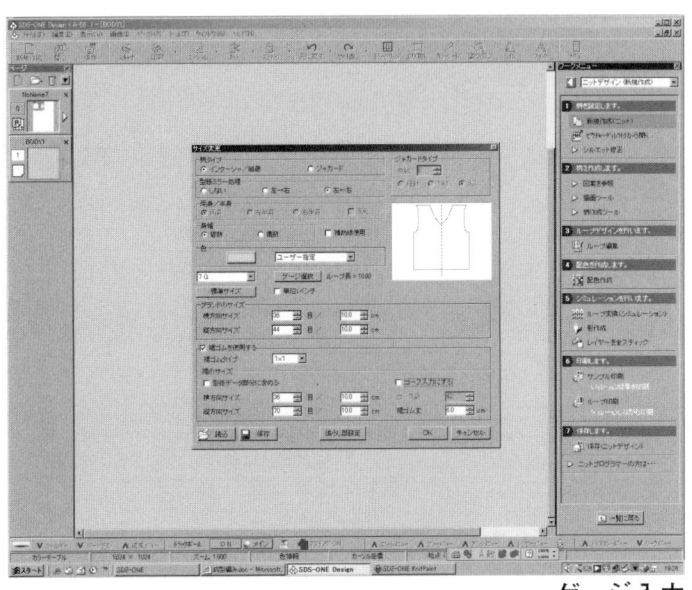

ゲージ入力

第6章　コンピュータニット　69

ゲージ変換処理時に成型の減らし・増やしの描画を確認して、もし細かい修正が必要であれば、このニットペイント柄で修正する。
　Sペイント柄と同様、組織の色番号を使用して組織柄を描画することもできる。
　「成型柄設定」で、成型減らし・増やしや、交差柄の目移し方法やリブタイプの変更、使用するキャリアの設定等ができる。

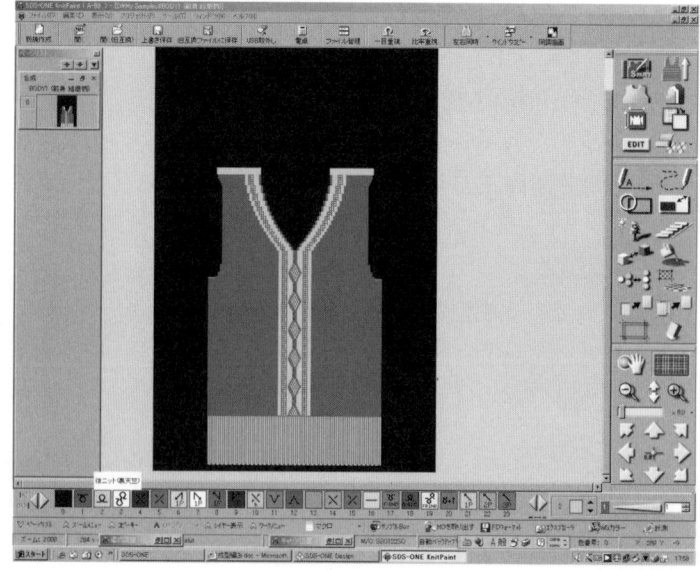

組織柄描画

　「パッケージ展開」により、「成型柄設定」の設定どおりに元絵が展開される。

パッケージ展開

　完成した自動制御元絵を自動制御処理をして、ニットデータを作成する。

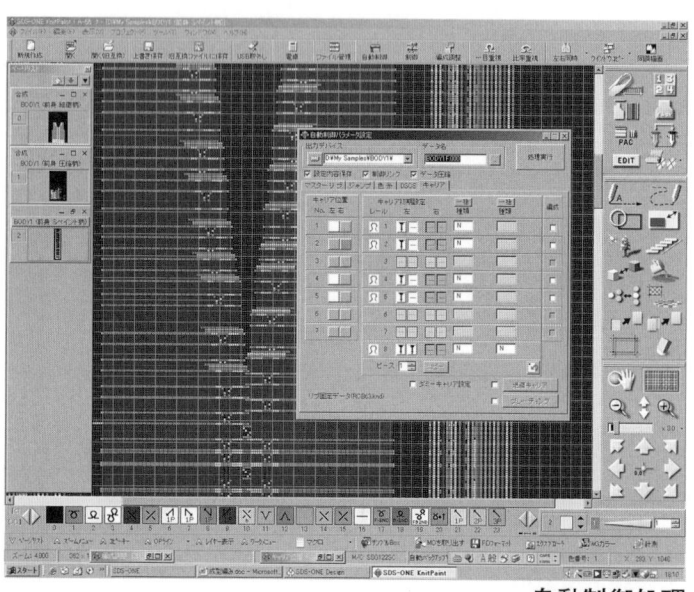

自動制御処理

70

処理されたニットデータは「編成シミュレーション」を行なって、制御のエラーチェックをする。同時に「ニッティングアシスト」を実行して、編み立て時の編成しにくい部分をチェックしておくとよい。

問題のある箇所は、制御シミュレーションなどで確認、修正する。

以上がコンピュータ横編機のための成型柄作成の主な流れである。成型編の知識はもちろん必要ではあるが、コンピュータの使用により、手横成型以前の熟練や勘といったものだけに頼らず、ある程度は数値化され、蓄積されたデータを利用することができる。

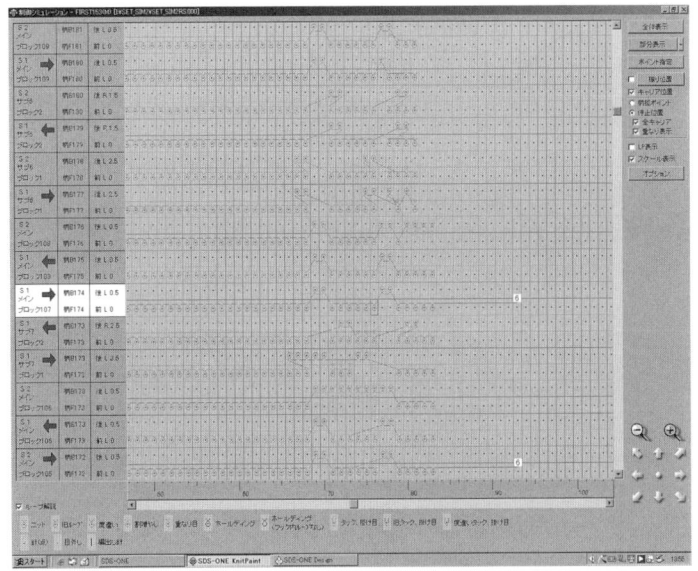

制御シミュレーション

6　ホールガーメント

ホールガーメント®（以下、文章中のホールガーメントは（株）島精機製作所の登録商標ホールガーメント®を指す）とは、コンピュータ横編機メーカーの島精機製作所が開発した、無縫製ニット対応の横編機で編み立てした編地である。従来、工業機の生産でのネックでもあった経験や勘に頼ることの多い編み立てや裁断、リンキング、糸始末などの手作業工程を極力省いた無縫製ニットであり、現在ではニット製品の1ジャンルとして、ファッションアイテムとしては欠かせないものとなっている。

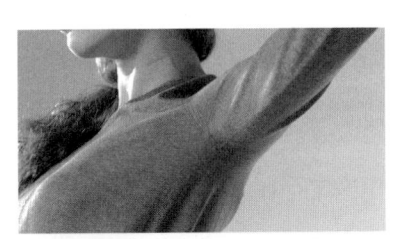

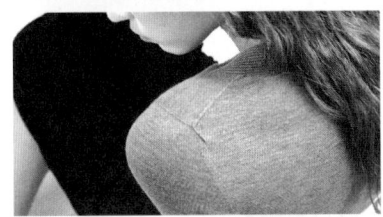

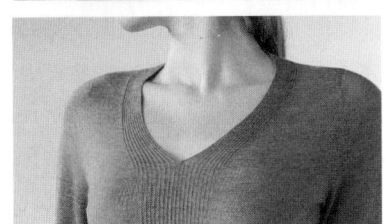

写真提供　（株）島精機製作所

1）ホールガーメント製品のメリット
①デザイナーのメリット
・前身頃から後身頃、肩の上、脇の下などを縫製することなく、連続した一着としてパターンを組み、より自然なかたちでデザインできる。
・従来二重に編成することでごわつき感と重さを余儀なくされていたリバーシブルニットも、薄く軽く仕上がる。
・立体編成することで、編地のデザインやシルエットが、デザイナーの表現したとおりに仕上がる。

②生産者のメリット
・裁断・縫製の工程が極力省ける。
・編地の各パーツを裁断したあとのカットロスがなくなる。
・必要な枚数を必要なときに編成することができるため、オンデマンド生産や、多品種小ロット生産にも対応しやすい。
・各編地はデジタル処理でプログラムされたデータに基づいているので、製品間、ロット間、そして追加注文の場合でも首尾一貫した品質を保てる。

③消費者のメリット
・ごわつき感をもたらす縫目をなくすことで、よりよい着心地が実現される。特に子供服や非アレルギー衣料において効果的である。
・ニット生地の伸縮性を損なう縫目を省くことにより、ストレッチ性に富んだ動きやすい製品が得られる。
・ソフトで軽いシームレスのスカートやドレスでは、自然なドレープ感が得られる。
・シームレスに一着編成することで製品全体的に張力が分散され、肩こりなどの原因となる部分的な圧迫感が軽減される。

第6章　コンピュータニット　71

ホールガーメント商品タグ

タグ提供　(株)島精機製作所

2）ホールガーメント対応横編機

島精機製作所では、個々の目的に応じたホールガーメント対応横編機を用意している。特徴的な構造部分を紹介する。

① 4面ベッド

通常のコンピュータ横編機は2面ベッド（Vベッド）構造であるが、ストロークの少ないスライドニードルを採用することで、上部に対面下ベッドに目移しと、編成が可能な、上ベッドを備えた4面ベッドのマシンである。この構造により、主にファインゲージタイプのホールガーメント編成が可能となる（SWG-X、MACH-2Xなど）。

4面ベッド（SWG-X）　写真提供　(株)島精機製作所

② 可動フルシンカー

2面ベッド構造のマシンでは、通常、ホールガーメント編成は針抜き編成にて行なう。衿ぐりや肩部分などの立体的な編成では、巻き下げ装置のみの編地引きでは編成が困難となる。そこで可動シンカーを装備したマシンは、シンカーによりループの渡り糸を抑えてやることで、引返し編などの編成を容易にする。ミドルゲージ、コースゲージタイプのマシンに備えられている（SES-S・WG、SES-C・WG、SWG-V、MACH-2Sなど）。

③ 引下げ装置

引下げ装置は、前後の独立したパネルに、編地を引っ掛けるための小さなピンが並べられ、前後の引下げ張力を個別に調整できる。さらにそれぞれのパネルは1.5インチ間隔で作用範囲が調整でき、引下げ張力を細かくコントロールできる。これにより可動シンカーと同様、立体編成が可能となる（SWG-FIRST、SES-C・WG、SWG-X、MACH2-Xなど）。

引下げ装置　写真提供　(株)島精機製作所

④ デジタルステッチコントロールシステム (DSCS)

DSCSは、温度・湿度や糸の状態に影響を受けやすいニット製品を、度目をデジタルコントロールすることで、乱寸を防ぐシステムである。編機は1コースごとに糸の状態を測長して、設定されたループ長となるように度目をコントロールする。成型編やホールガーメント編成では、欠かせないシステムとなっている。ホールガーメント対応横編機では、糸の供給量もコントロールするi-DSCSも装備できるようになっている。

⑤ ホールガーメントのプログラミング

ホールガーメントのプログラムは、SDS-ONEによって作成する。成型柄のプログラムと同様、ニットペイントでホールガーメント用のパターンデータベースを使用して作成すると、比較的容易に作成することができる。

ループシミュレーションで、実際の編み上がりのイメージを画像で確認することもできる。

7　ループシミュレーション

ループシミュレーションは、画像上で編目をシミュレーションすることで、編み立てすることなく実際に編み立てをしたイメージを確認することが可能で、プレゼンテーションやマップ作成などに活用できる。

ループシミュレーションしたデータは、同時にニットデータの作成が行なわれていて、そのままニットペイントへ移行し、編み立てデータの作成をすることができる。

1) ループシミュレーション作成の流れ

　デザインソフトを起動したら、「ワークメニュー」または「アシスタントメニュー」を開いて作業を進めるとよい。「ワークメニュー」は作業順にボタンが配置されているメニューで、「アシスタントメニュー」は各作業の説明を参照しながら進めていくことができる。

　ワークメニュー一覧では、ニットデザイン（新規作成）を選択する。以降ニットペイントを使用した成型柄作成（69ページ参照）と同様に「パターン選択」、「寸法入力」、「ゲージ入力」などを、ワークメニューの手順どおりに入力し、シミュレーションしたいパーツのシルエットを作成する。

　次の「ループ編集」メニューにて組織柄の配置を行なう「柄選択」ボタンで、データベース柄を呼び出して配置することができる。「描画」ボタンで、組織柄の色番号を直接描画することも可能。

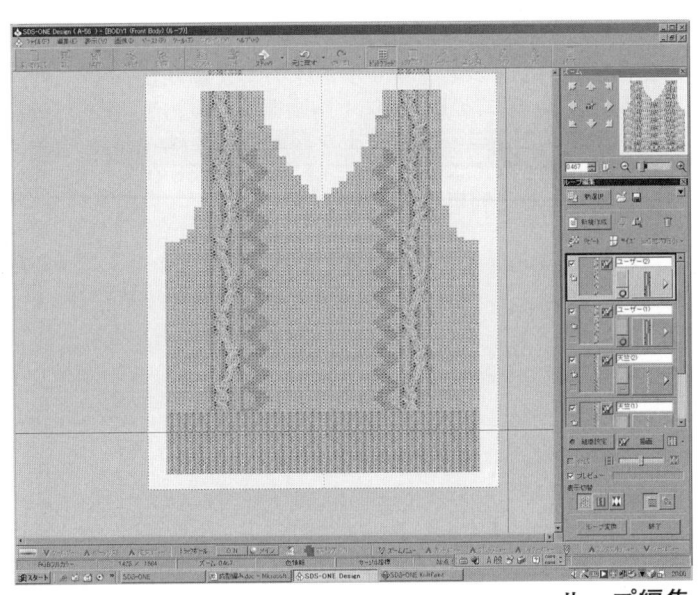

ループ編集

　「ループ変換」メニューから、シミュレーションに使用する糸の指定をする。内蔵されている糸データベースの中、または事前に登録した糸から選択。使用カラーも、同時に選択する。

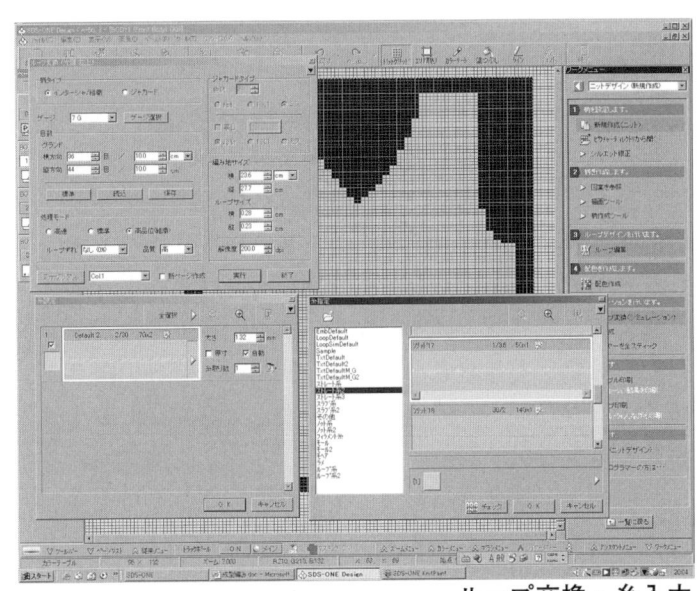

ループ変換・糸入力

第6章　コンピュータニット　73

ループシミュレーションができたら「影作成」で、バックに影をつけるとよりリアルに表現できる。

シミュレーション

　シミュレーションしたデータをそのまま編み立てする場合は、「ニットペイントへ画像を送る」をクリックすると、ニットソフトが起動し、組織の色番号に変更されてニットペイントデータ（68ページ参照）として利用可能である。

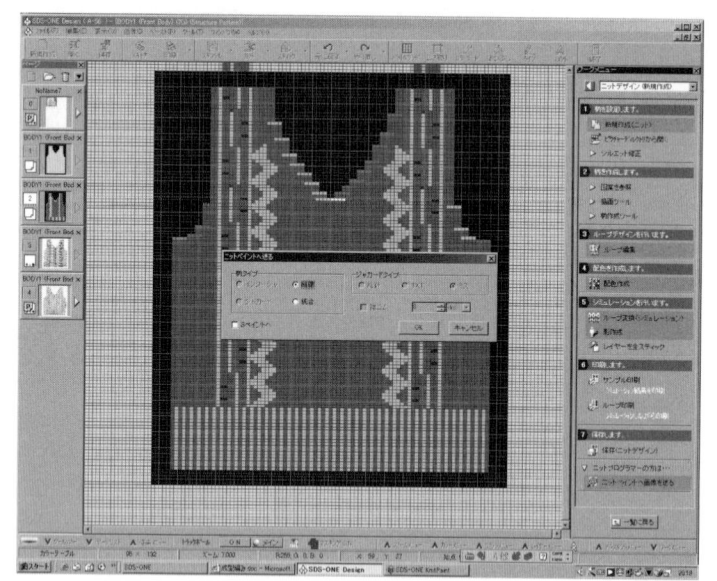

ニットペイントへ送る

8　コンピュータニットの現状と今後
　ニットの知識をもつ者の減少が挙げられる。しかしコンピュータソフト面で開発が進み、処理速度や精度が高くなり、ベテランでなくてもある程度はカバーされる方向にある。ただし、機械調整面ではまだまだ編み立ての経験なども必要となる。また、編地の良し悪しの判断や、オリジナルな編地の開発となると企画デザインの分野でも、技術の分野でも、よりニットの知識をもった者が必要となってくる。ニット産地でのニッター減少や技術者の高齢化なども懸念されるがそういった技術者から日本のニットの技術の伝承を進め、進歩したコンピュータの世界とを融合させることが、今後の課題にもなってくるであろう。

第7章
編地と組織

1　組織の表示方法

編み組織はJISで定められた編目、編目記号、編成記号、意匠図で表示される。新規に編地を作成したり、既存の編地を再現したりする際には編成図（ループ図）や意匠図で編み方を理解することができる。特に編み密度の高い編地や複雑な編地は編地分解を行ない、わかりやすい表示方法を選択することが必要になる。

1）組織図の種類

編目の形状を記号に置き換えて、編地組織を図に表現したものを組織図という。組織分解した編地は方眼紙もしくは針の配列図に記入していくが、この方眼紙もしくは配列図を意匠図（意匠紙）という。また、編目記号とは意匠図を用いて編目の組織を表わすときに用いる記号をいい、編成記号とは意匠図を用いて編針の編成の順序を表わす記号をいう。

組織図では、糸の給糸方法や編目構造とその形成方法などの編成仕様、および編目や色相の配列組合せなどの外観状態を的確に表示する必要がある。組織図には次のような方法があり、複数の方法を組み合わせることで編地の組織を表現する。

①意匠図（図1）

主として編地表面の色相の配列組合せ状態を表示する。主な使用例としては配色ジャカード編み組織が挙げられる。

②編目記号と編成記号（図2）

JISで定められている主な編目記号と編成記号を表示する。

③編目図（図3）

編目の配列構造の状態や編成方法を表示する。編目を表示する方眼紙は、編成編機の針配列に対応して異なっている。編目図では、編目の構造や配置および編目の移動による編目形成方法などの編成方法が表示されている。

④編成図（図4）

主として工業用編機で用いられる。編成図は、糸の給糸方法や編針の作動による編目の形成方法などの編成方法が表示されている。

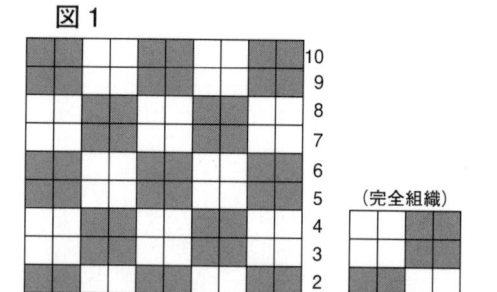

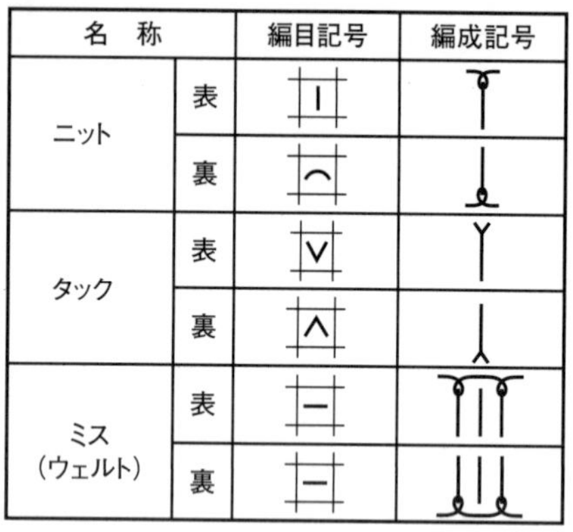

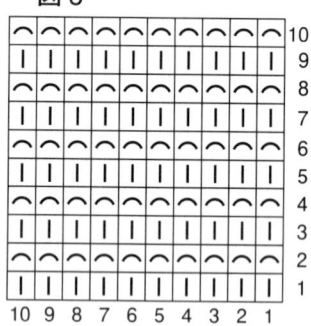

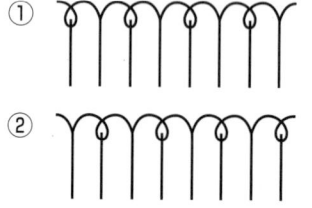

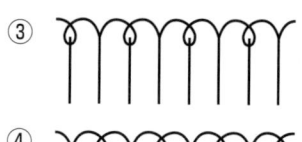

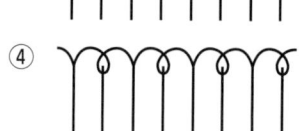

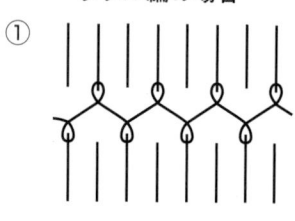

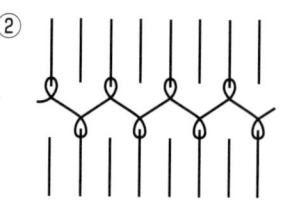

2 編地の種類

1 平編 plain stitch

　三原組織の一つ、天竺、メリヤス編ともいう。一般的に多く使われている編地。編地の表と裏が全く異なった編目になる。左右の端が裏目側にめくれ、上下が表目側にめくれる性質（耳まくれ・カーリング）がある。シングル組織で表目側は縦の目がはっきりと表われ、裏目側は横の目の連なりが表われる。ファンシーヤーンは裏目側で糸の特徴が出るのでよく用いられる。

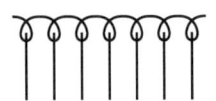

表　　裏

2 ゴム編 rib stitch

　三原組織の一つ。リブ出合いで編む。リブ編ともいう。表目と裏目が縦方向に交互に繰り返される。横方向の伸縮性が大きい。表目が強調されて、表に浮き出る。左右方向によく伸縮するので、袖口や裾、付属編などにも多用される。この変化組織には、①総針ゴム編、②1×1針抜きゴム編、③2×1針抜きゴム編、④2×2針抜きゴム編、⑤ワイドリブがある。

①総針ゴム編

　リブ出合いの編機の全部の針を用いて編む。表目1×裏目1の1×1針抜きのゴム編とくらべて目が詰まっているのでしっかりする。総ゴム編ともいい、1×1ゴム編と共に、ゴム編の基本編地である。

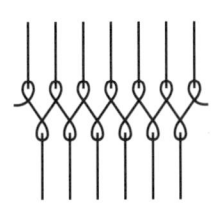

表・裏

②1×1針抜きゴム編

　スムース出合いの針を1本おきに抜いて、粗い針配列にして編む。見た目は表目1×裏目1の総針ゴム編と同じようであるが、総針よりも伸縮性があり、目もゆるく、しなやか。ゴム編の最も基本的な編地であり、特にプルオーバーの裾や袖口には、その伸縮性を生かして多用されている。

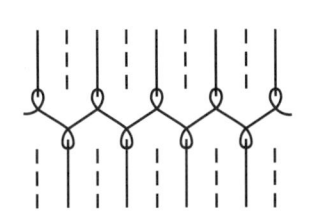

表・裏

第7章　編地と組織　77

③ 2×1針抜きゴム編

　リブ出合いの針を2本おきに1本ずつ抜いて編む。表目2×裏目2の2×2ゴム編で、左右の伸縮がよい。

　表目と裏目が2目ずつ、縦方向に交互に並んだ編地で、別名テレコ編ともいい、1×1ゴム編よりも、縦畝がはっきり出るので、使い分けされている。

　編み方では2×1リブ、外観は2×2リブで、二つの呼び方がある。

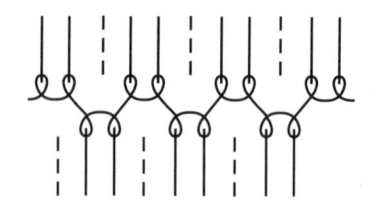

表・裏

④ 2×2針抜きゴム編

　スムース出合いの針を2本おきに2本抜いた針配列にして編む。2×1針抜きゴム編と比較して、左右の伸縮が弱い。外観は表目2目、裏目2目で2×1針抜きゴム編と同じで、そのため混同されて呼ばれている場合もある。

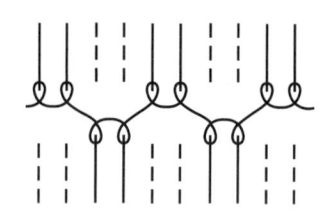

表・裏

⑤ ワイドリブ

　3目以上の針抜きゴム編をワイドリブという。デザイン上、幅広の縦畝を強調したいときなどにも用いる。

　また、プレーティング編で、異色や異素材効果をはっきり出したいときなどにも適している。

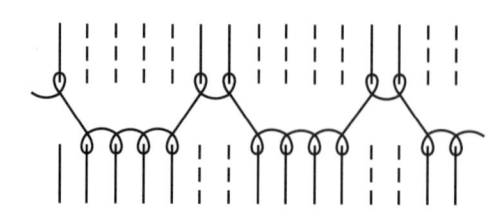

表　　　裏

3　パール編　purl stitch・garter stitch

　三原組織の一つ。ガーター編ともいう。表目と裏目が横方向に交互に繰り返され、表面に横段の線が出る。縦方向に伸縮性が大きい。裏目が強調されて表に浮き出る。リンクス柄の一種。

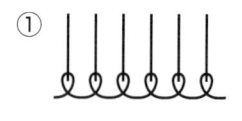

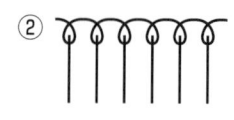

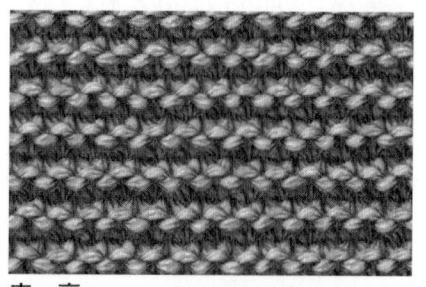

表・裏

78

4　度違い天竺編　plain stitch with different stitch density

　天竺度違いともいう。平編のコースごとに度目を変えた編地。コースの中で2種類の度目を使い、ボーダーを編み、柄を表現したものもある。コースごとに編目の大きさを変えた編地を親子天竺編という。

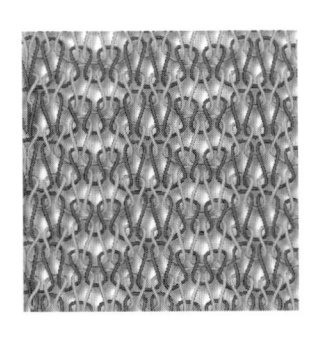

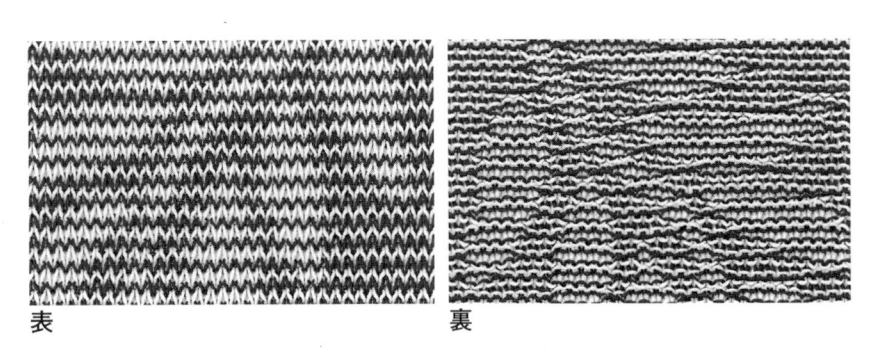

表　　裏

5　インレイ編　inlay stitch

　横あるいは縦方向に別糸を編目にはさみ込む形で挿入した編地。スレッド編、挿入編ともいう。挿入糸は編目を作らないので、太い糸や各種のファンシーヤーンが使える。伸びが少なく、織物のような編地となる。挿入糸が表面に出る裏目側を表地にして使う。

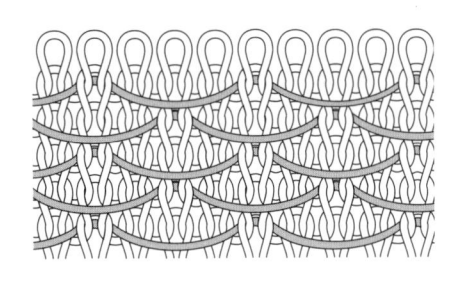

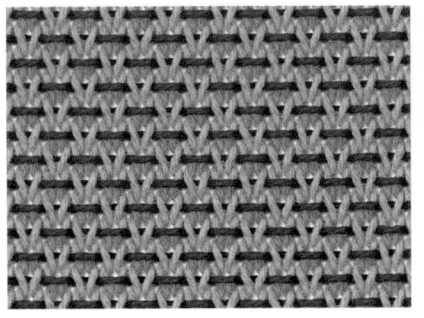

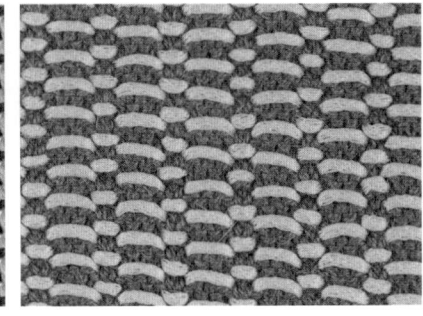

第7章　編地と組織　79

6 レース編　lace stitch

　目移し柄、寄せ柄、透かし編ともいう。1コースの隣の針に編目を移して穴のあいた部分を作る編み方で、これを目移し操作という。編目の隣に目移ししてできる穴をデザイン的に連続して行ない、柄模様を作る。メッシュ編（柄）または網目ともいう。また、同じように編地に穴があいた組織にアイレット編（ペレリン編）があり、丸編機のペレリン編機で編まれる。

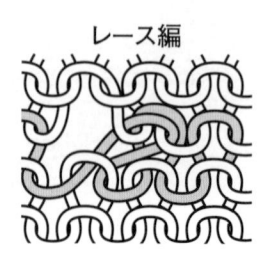

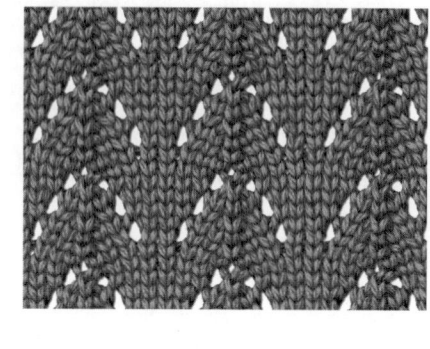

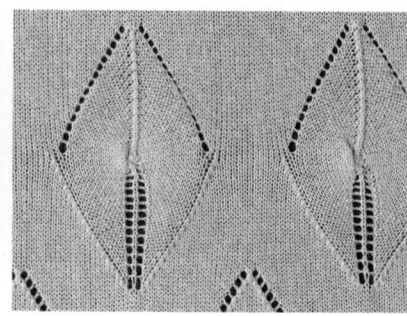

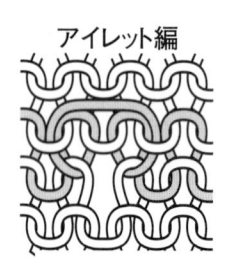

レース編

アイレット編

7 タック編　tuck stitch

　代表的な柄編の一つで、針に掛かった糸を部分的に編まずに、前の編目に重ねる編み方。引上げ編とも呼ばれる。

　タックの積み重ね、およびタックの配列の変化によって凹凸のある立体感と、透かし効果を表現する。

　縦にタックを繰り返すと透かし効果とともに、糸の重なりによる盛り上がりが表われ、多様な編み柄ができる。糸に無理が掛からないよう、5回タック以下が多い。主なタック編には、①片畦編、②両畦編、③ラーベン編がある。

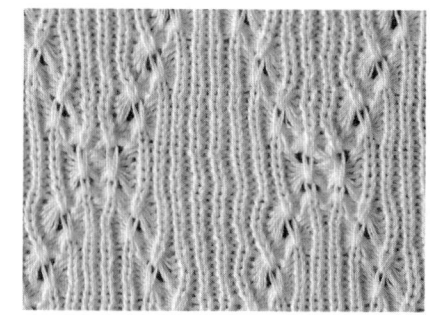

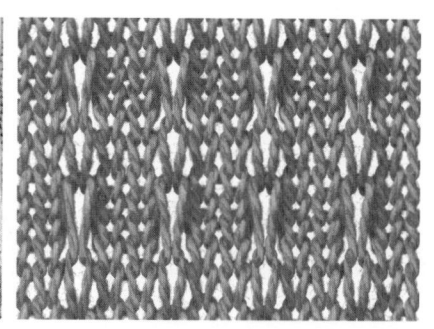

①片畦編　half cardigan stitch

ハーフカーディガン編ともいう。ゴム編と似ているが、総針ゴムに片側針列のみ1段おきにタックを入れるので、ゴム編よりも厚くやや伸縮が抑えられる。片畦編にも、総針や1×1針抜き、2×1針抜きなどのバリエーションがある。ジャケットやセーターによく用いられる。

1×1針抜きの場合 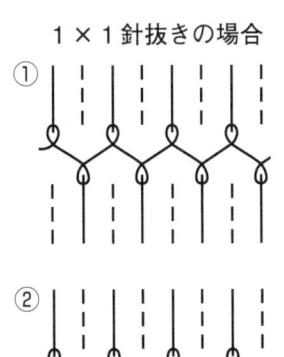 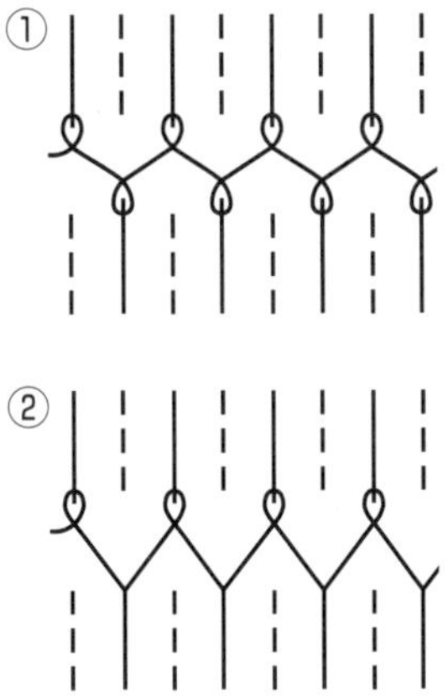
①
②
①～②を繰り返す
（スムース出合い）

総針の場合 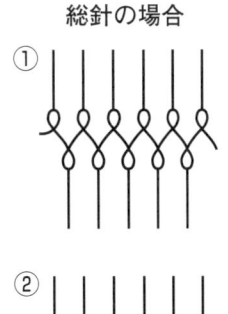
①
②
①～②を繰り返す
（リブ出合い）

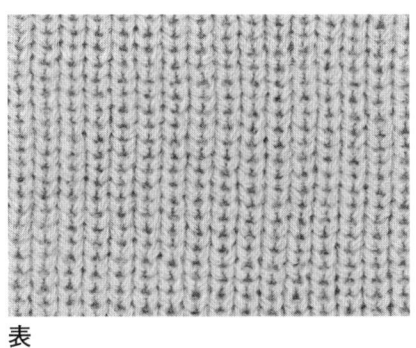

表

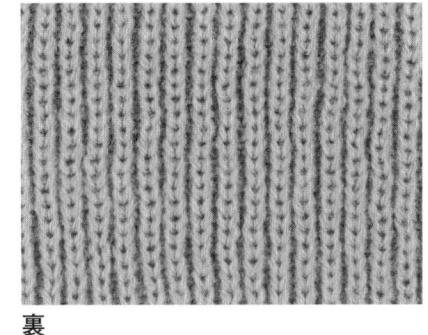

裏

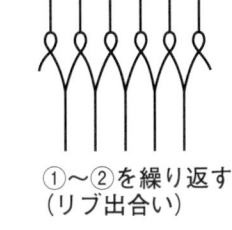

②両畦編　full cardigan stitch

フルカーディガン編ともいう。ゴム編に似ているが、両側の針列に交互にタックを編むので片畦編よりも編み幅が広くでき、より厚くなる。片畦よりも左右の伸縮が大きくなる。

編目は立体的でボリュームが出るので、ジャケット、コートなどにも対応できる。両畦編にも、総針、1×1針抜きなどの、さまざまな変化をつけることができる。

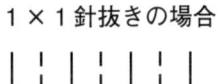

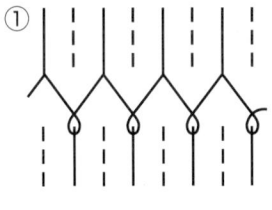

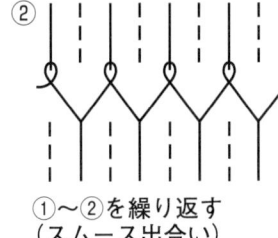

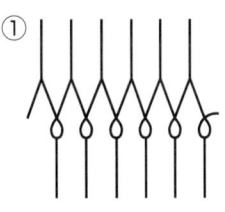

1×1針抜きの場合
①
②
①～②を繰り返す
（スムース出合い）

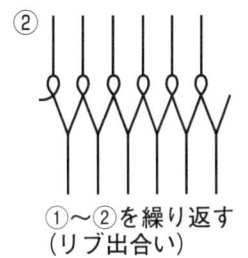

総針の場合
①
②
①～②を繰り返す
（リブ出合い）

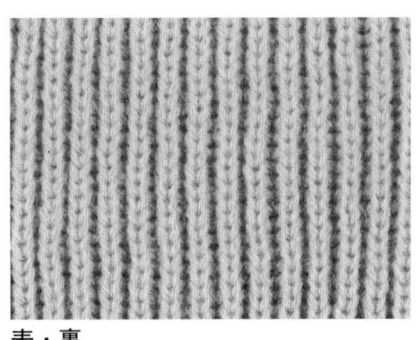

表・裏

第7章　編地と組織

③ラーベン編　rahben stitch

タック編目を部分的に配列した横編機による編地で、主なものに鹿の子編がある。呼び方は以前横編機のタック編装置をラーベン装置と呼んでいたことに由来する。今では同一の針で複数のタックを行なう多重タック編をラーベン編ということが多い。丸編機による鹿の子編はポロシャツに多く用いられている。

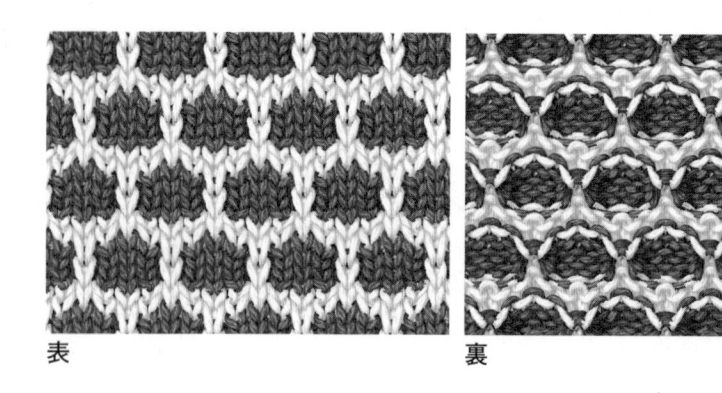

表　　　　　　　　　裏

8　リンクスアンドリンクス編　links and links stitch

パール編の変化組織で略してリンクス編（柄）ともいう。リンクス編の典型的なものは、表目と裏目の配列変化によって凹凸の立体無地柄で表現するものである。

9　スムース　interlock stitch

両面編の一種。インターロック編ともいう。丸編または横編のスムース出合いで編まれる、1×1針抜きリブ編が、二重に重なった編地で、表裏同一でなめらかである。

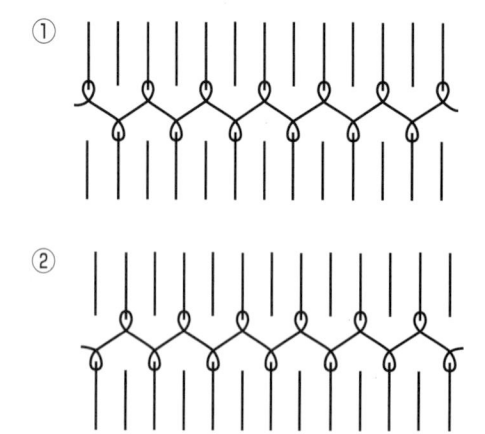

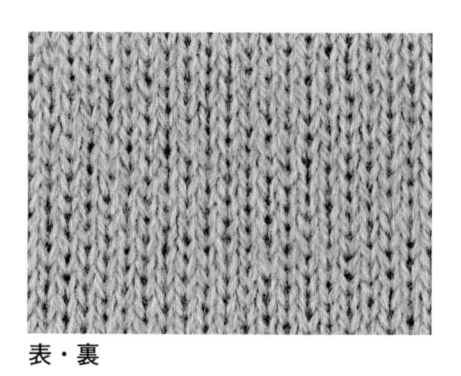

①
②
①〜②を繰り返す

表・裏

10　ミラノリブ　milano rib

　総針ゴム編と天竺袋編を1コースごとに交互に編んだもので、細かい横畝が表れわる。伸びが少なく、しっかりとした編地で重衣料向き。

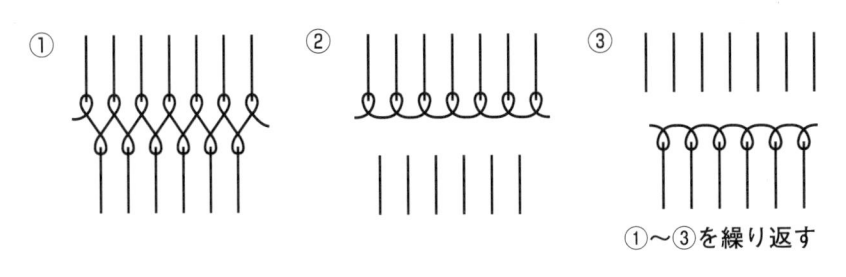

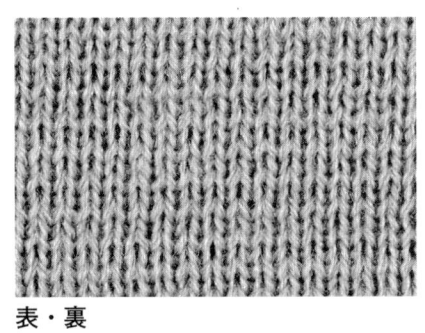

① ② ③
①〜③を繰り返す

表・裏

11　ハーフミラノ　half milano

　片袋編ともいう。ゴム編と片側針列のみの平編（袋編）を交互に繰り返す。平編した側は横畝が表われ、もう一方は平らで総針ゴム編と同じように見える。平編が入っているので左右の伸縮は少ない。ミラノリブより軽くソフトな編地が欲しいときに使うが、カールが起こる場合があるので、表面と裏面の密度のバランスに注意を要する。

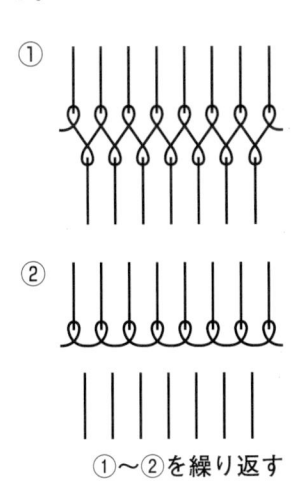

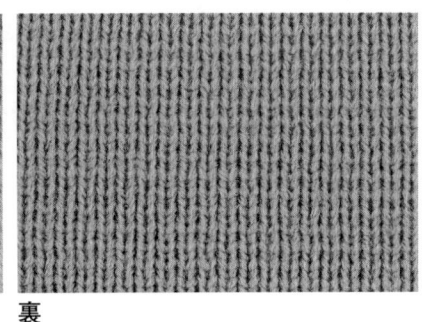

①
②
①〜②を繰り返す

表　　　裏

第7章　編地と組織　83

12　モックミラノ　mock milano

　4口式ポンチローマともいう。モックは「疑似・模倣」という意味があり、リブ出合いのダブルニットのミラノリブとよく似ているので、モックミラノリブという。スムース編と天竺袋編を交互に編んだ組織である。丸編機で生産される。

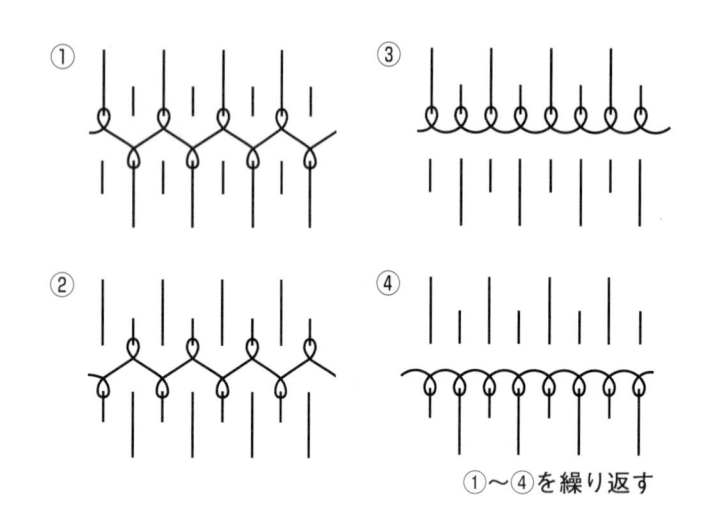

① ② ③ ④

①～④を繰り返す

表・裏

13　ポンチローマ　ponti roma

　スムース編とタック編と天竺袋編を交互に行なった編地であり、重厚で左右の伸びを止めた組織である。丸編機では6給糸で1循環する。

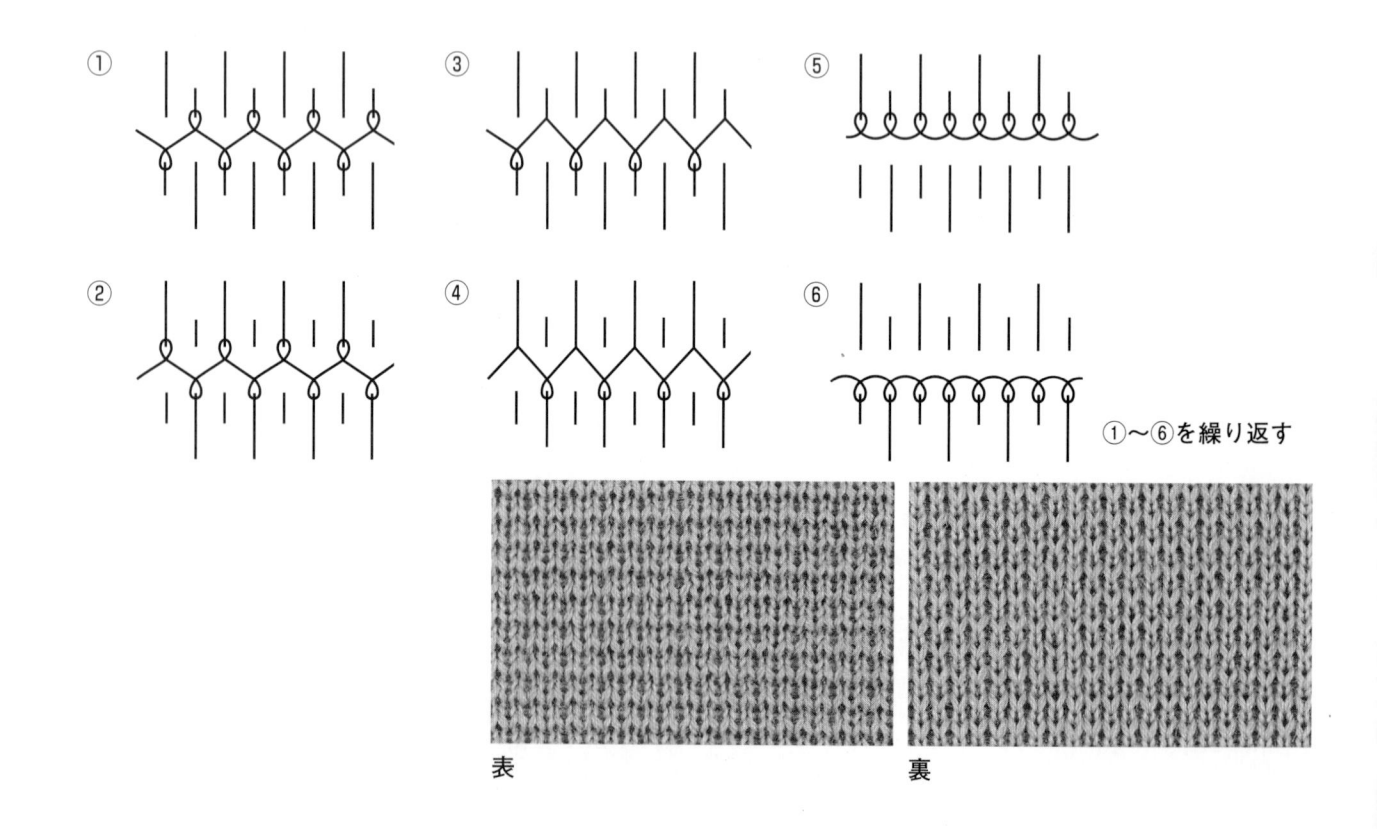

① ② ③ ④ ⑤ ⑥

①～⑥を繰り返す

表　　裏

14　袋編　tubular stitch

　ダブルニードル式で二つの針床を順番に回し、天竺を袋状に編んだもの。この組織を応用したものにハーフミラノやミラノリブ、袋ジャカードなどがある。

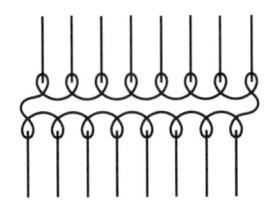

袋編を広げた状態

15　プレーティング編　plated stitch

　ダブルフェイスの一種。添え糸編、くるみ編ともいう。プレーティング編は、1本の針で異なる糸を同時に編むもので、表目側、裏目側に異なる糸が表われる。二重糸口（二重ひょっとこ）を用いて編む。裏糸がにじんで見えるので異色の糸の場合、玉虫調に見える。ゴム編では、2種の糸が縦縞に表われる。

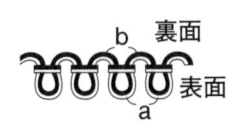

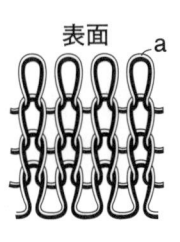

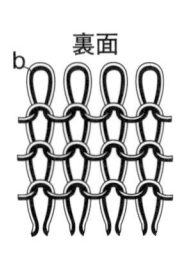

16　ケーブル編　cable stitch

　縄編、縄目編、またはチェーン編ともいわれる。飽きのこないトラディショナルパターン（伝統柄）に属し、ニットではよく用いられる。横編機その他で、編目を左右に交差させるために目移しを行ない作られる。交差させた編目の横に裏目を入れることにより、より凹凸感のあるケーブルが表現できる。

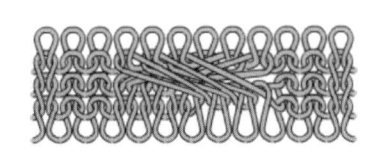

第7章　編地と組織　85

17 振り編　racked stitch

　ダブルニードルの横編機でシングル（ニードル）ベッドを左右方向に1～2本の針間隔単位で振り、「編針の出合い」を変化させ、ジグザグなどに編まれた編地をいう。通常、リブ編、畦編などと併用される場合が多い。振り方には①段振り、②矢振りがある。

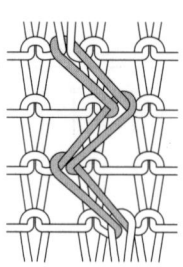

①段振り

　一般に片畦、または両畦の編成中に一方の針床を左、右に振ることにより振り柄を作るが、振り編のとき、キャリッジ1往復ごとに振る振りを左または右に1針ずつ行なうことによって作られる。ジグザグ状の模様ができる。見た目に斜め方向の列ができるのが特徴となっている。

　左右に1針間だけ往復移動させることを一段振りという。

②矢振り

　片畦編、両畦編で振り柄を作るとき、キャリッジの移行ごとに振り（左行、右行ごとの振り）を連続して数回行ない、途中で振らないコースを1コース編んで、逆方向に同じ操作を繰り返すことによって作られる。横段の矢羽根模様の編地になる。

　細幅の矢振りテープをブレード状に使ってトリミング効果を出すこともできる。

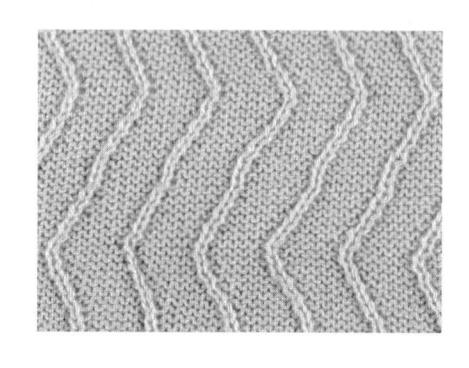

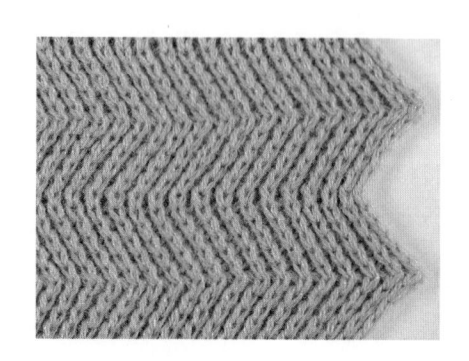

18 アコーディオン編　accordion stitch・プリーツ編　pleated stitch

　ニットによるプリーツ状の編地をいう。ニットプリーツとも呼ばれるアコーディオンの蛇腹のような組織で、プリーツ編ともいう。スムース出合いもしくはリブ出合いで部分的に針抜きをして編まれる。表側の針を抜くと表側に折れやすくなり、裏側の針を抜くと裏側に折れやすくなる性質を利用している。針抜きのところが折り込まれてN状にたたまれたプリーツとなる。アコーディオン編はスカートなどによく用いられる。アコーディオンプリーツやボックスプリーツなど、針を抜く位置の変化で自由に作ることができる。

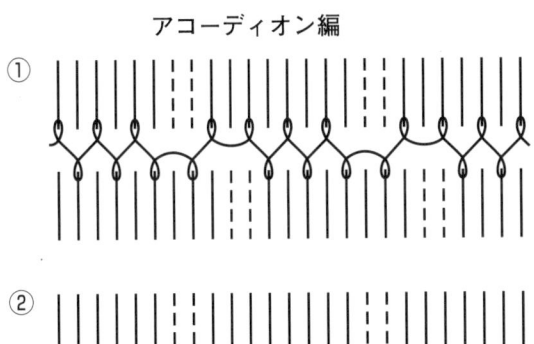

アコーディオン編

①
②
①～②を繰り返す

プリーツ編

プリーツ編

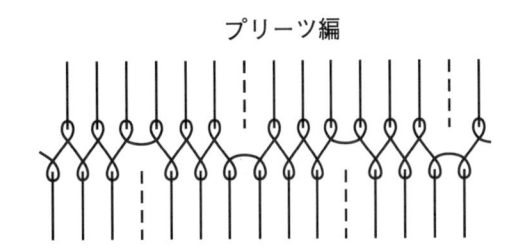

19 浮き編　float stitch

　ミス柄ともいう。部分的に編針をミスの位置において、横に糸が飛んでいる柄をいう。糸を掛けずに編地の裏に浮かせた組織で、フロート編ともいう。色糸を用いて凹凸感や模様を表現する。

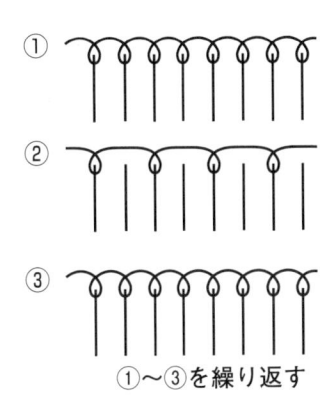

①
②
③
①～③を繰り返す

第7章　編地と組織

20　プレッサー編　presser stitch

編地を押さえ込みながら編む組織をいう。代表的なものにピンタックや引返し、多重タックなどがある。プレッサーとは編機の部品や技術名称で、この技術を用いてできる柄の総称として使われている。現在では横編機のシンカープレートの可動により編成可能になった。

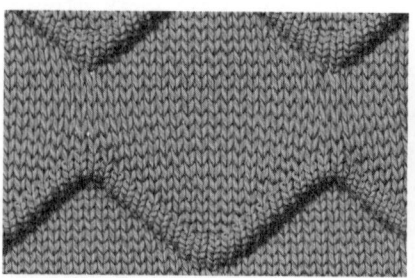

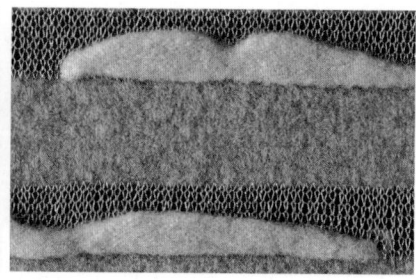

21　インターシャ編　intarsia

同一コースで異なった色または素材の糸に切り替えて編むことによって作られた柄編で、編地の裏側に配色の糸が渡らない。平編組織によるものが最も多いが、ゴム編、パール編などのダブルニードル式のものや、それらの組み合わさった組織にも応用できるようになってきた。インターシャはイタリア語の「寄木細工」の意味で配色柄をモザイク式に編むことをいう。鮮明な配色柄が得られ、多色でも薄地に編める。配色切り替え部分は通常タック編で、手横機の場合には糸は手動で交差することにより、切り替えを行なう。

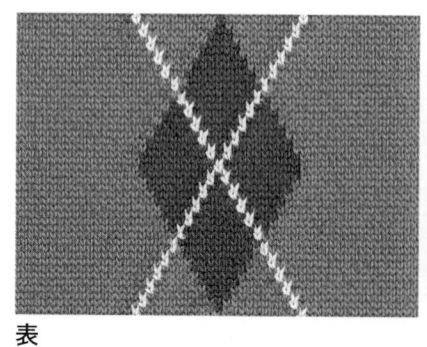

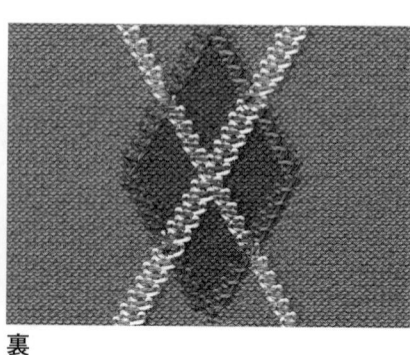

表　　　裏

22　ジャカード編　jacquard stitch

数色の糸を使用して柄を表現する。ジャカード編には、①ダブルジャカード、②シングルジャカード、③袋ジャカードなどがある。ダブルジャカードは表と裏の二重構造になっており、表糸の色が裏糸に影響され、にじんで見えるということもある。

①ダブルジャカード編（後ろ総針）

　ダブルニードル式で編む。表側は指示したところのみを編み、裏側は全針で編む。浮き糸は編地の芯に入るためシングルジャカードのように引っ掛かる心配はない。ただし1目の裏に、使用する色糸が全部編まれることになるので色数が多いほど厚くなる。裏は細かいストライプ状になるのが特徴。

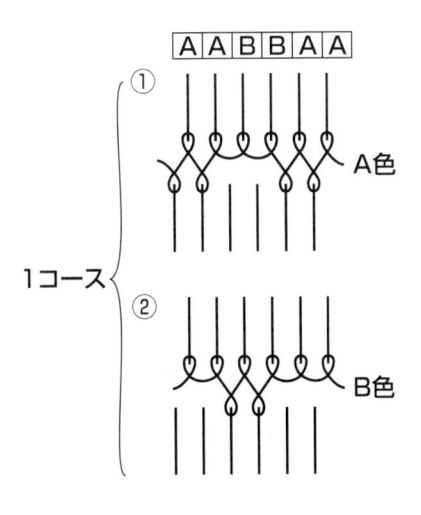

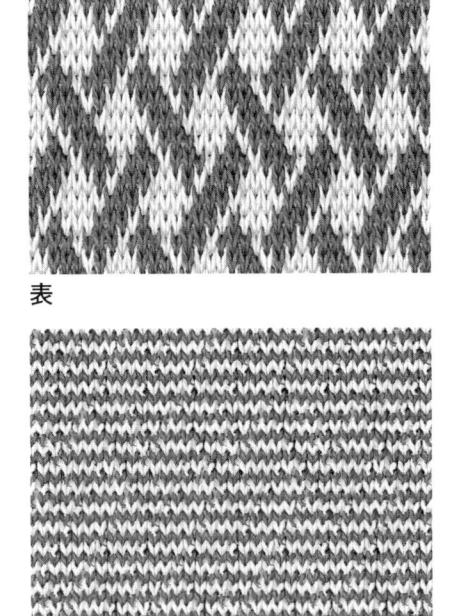

表

裏

②ダブルジャカード編（後ろ鹿の子）

　裏糸を1目おきに編むので、裏面は色糸が鹿の子状に表われる。鹿の子状をバーズアイ、1×1針抜きともいう。
　裏糸が表にひびくため特に濃淡配色の場合は、工夫が必要である。

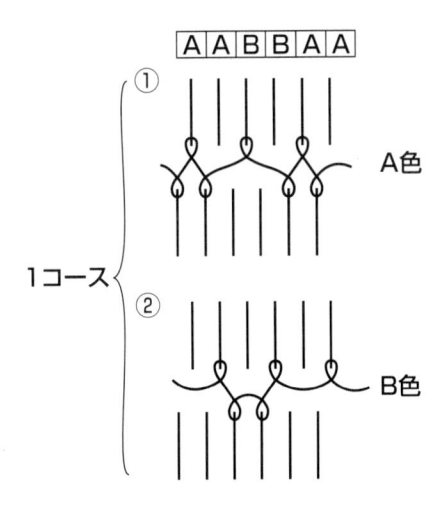

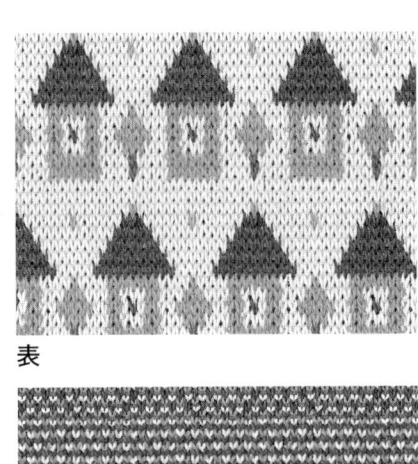

表

裏

第7章　編地と組織　89

③シングルジャカード編

　シングルニードル式で編む。ミスジャカード、フロートジャカードともいう。1コース編む場合、一方の色糸が表でニットする間にほかの色糸が裏に回ってフロートし、裏糸が水平方向に飛ぶ。裏に糸が渡るので伸縮は不足するが、裏糸が表にひびかないので色は鮮明に出る。裏糸の飛び方を考慮しなければならないので規則正しい小柄にするなど、柄に制約が出る。普通裏糸の長さは1インチくらいが許容範囲とされている。シングルジャカード編の弱点である裏糸のフロートを数目おきに編み、渡りを止めたものを裏目立てという。

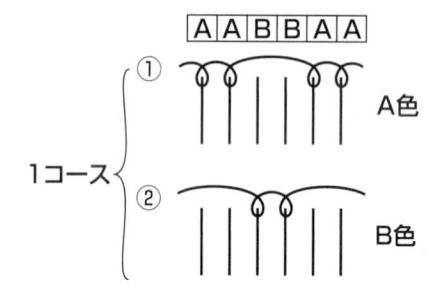

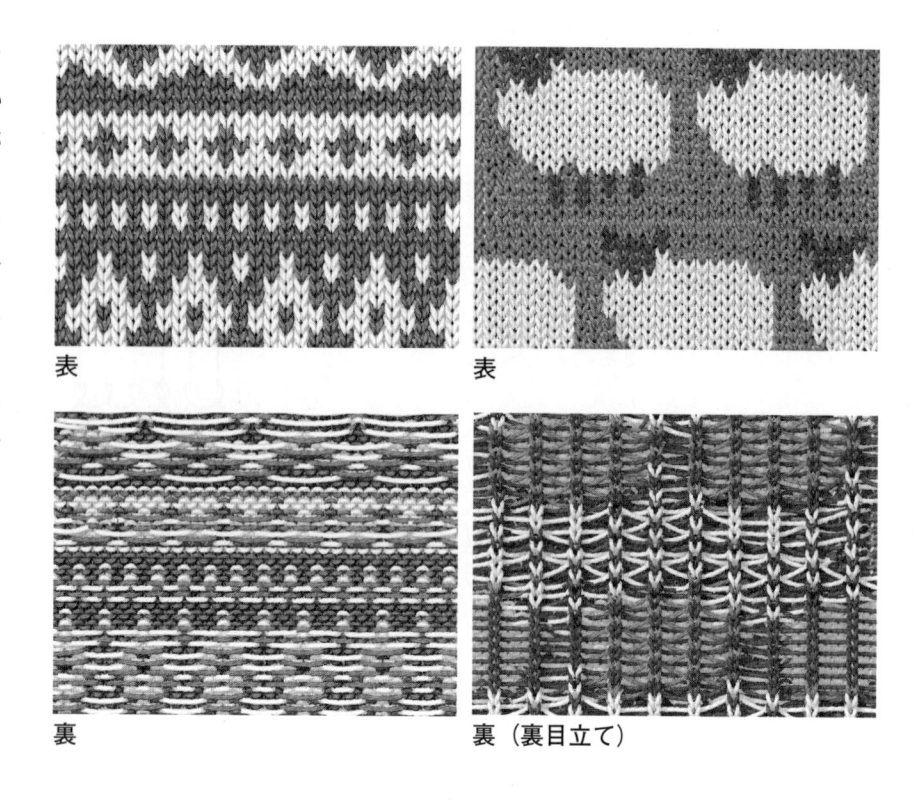

表　　表

裏　　裏（裏目立て）

④袋ジャカード編

　全体を袋編状にし、表になる糸と裏になる糸を逆転させて柄を出す方法。裏表が同じ柄の反転になるのでリバーシブル風の使い方も可能。2色使いが一般的で裏糸がひびかないので色が鮮明に出る。

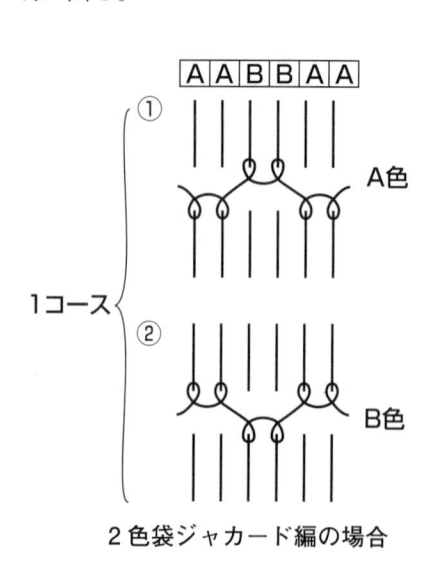

2色袋ジャカード　　3色袋ジャカード

表　　表

裏　　裏

2色袋ジャカード編の場合

23　ブリスタージャカード編　blister jacquard stitsh

　この編地は柄の部分が袋状になっていて、「ふくれ・隆起」の意味がある。一方の糸は伸縮糸にして柄の部分は浮き上がらせている。浮き編によって柄を浮き上がらせるのがブリスター編である。

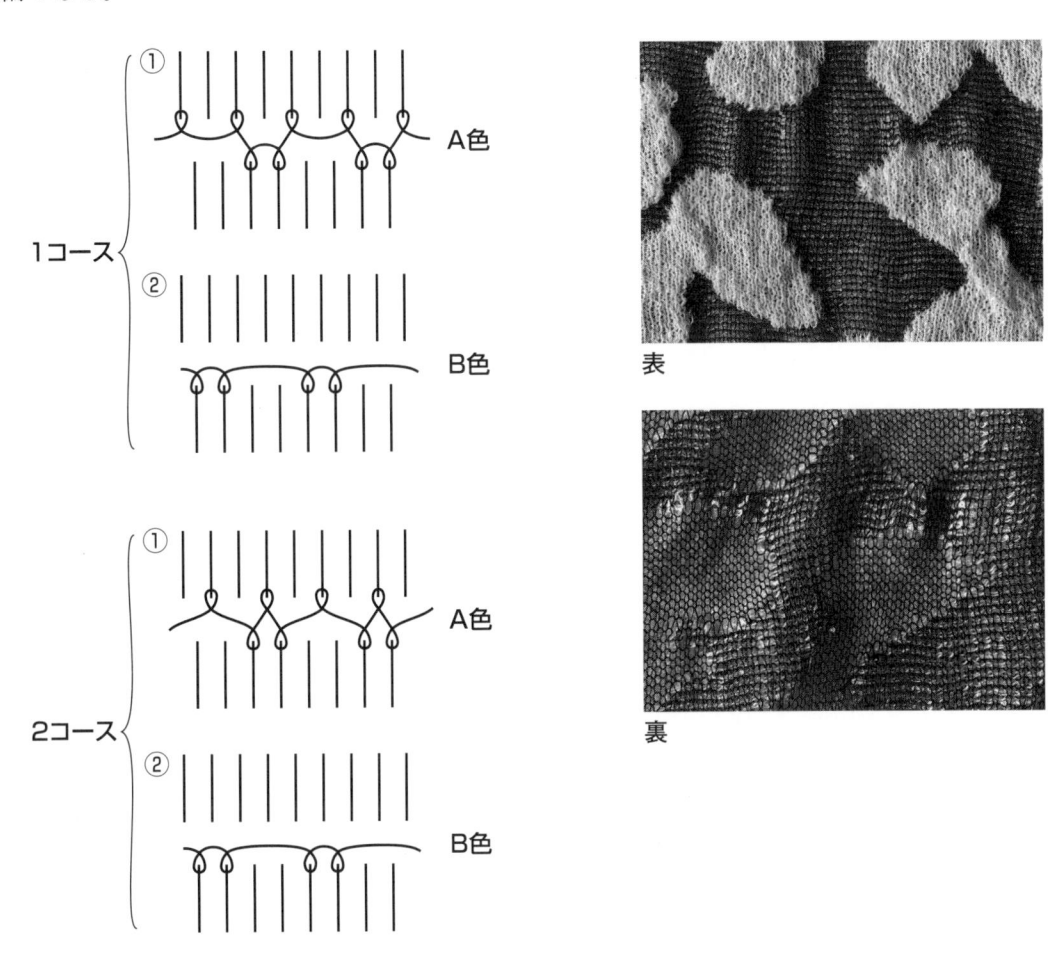

表

裏

この章の画像、編地一部提供　（株）島精機製作所

第7章　編地と組織

第8章
ニットの縫製

1 ニットの縫製

1) ミシン縫製とリンキング

横編機における成型編などは、リンキングを主体として縫製するが、横編のガーメントレングスや、ジャージーを使用したカット＆ソーンの商品は、本縫いミシンなどを用い縫製する。伸縮性を生かす商品には、融通性のある環縫いミシンを使用することが多い。

2) ミシン縫製

ニット製品を作るうえで最も複雑で専門的な分野は、編地の編成に関すること。この編成と同じくらいに重要なことは、製品の縫製である。効率のよい商品作りを行なううえにおいても、商品に適した縫製方法が大切である。また縫目形式には、JIS規格で定められたJIS記号があり、これらの縫い方式には、それぞれ専用のミシンが使用される（表1）。

本来ニット製品の縫製は、リンキングが主体であったが、製品が単品（プルオーバー、カーディガンなど）から重衣料（ジャケット、スーツ）分野に進出するにしたがって、布帛製品と同じような縫い方が取り入れられるようになり、ニット製品の縫製が複雑になってきた。

表1 ニット用縫製機器
ニット用のミシンとして機器が使用される

縫製機器の名称		使用例
本縫いミシン		1本針本縫い、一般地縫い、ステッチ、伏せ縫い、巻き縫い
本縫い式すくい縫いミシン		裾上げ、しつけ縫い、ネーム付け
本縫い式千鳥ミシン		地縫い、縁縫い、飾り縫い、巻き縫い
単環縫いミシン		しつけ縫い、ステッチ、仮縫い
単環式すくい縫いミシン		裾上げ、しつけ縫い、ネーム付け
二重環縫いミシン（偏平縫い）		1本針、2本針、地縫い、ステッチ、ガイドを用いた衿・ヘム付け、2本針でテープ使用の飾り縫い
二重環縫い式千鳥ミシン		地縫い、縁縫い、飾り縫い、巻き縫い
オーバーロックミシン		1本針、2本針、地縫い、裾引き、縁かがり縫い、飾り縫い
インターロックミシン		（安全縫いミシン）オーバーロックと二重環縫いを、それぞれ独立させて、ある針幅を置いて同時に縫製（針幅＝0.5、2、3.5mm）地縫い
フラットシームミシン		2本針、3本針、4本針、継ぎ縫い、伏せ縫い、飾り縫い、補強縫い、テープ付け
ピコットミシン		縁飾り
ハマグリミシン		飾り縫い
刺繍ミシン		オールオーバー、ジャカード式多頭ミシン、絵模様や文字・ワンポイント刺繍
サイクルミシン	穴かがりミシン	本縫い式＝眠り穴、環縫い式＝鳩目穴、ボタンホールや紐通し穴
	ボタン付けミシン	本縫い式、環縫い式、二つ穴、四つ穴、根巻き、ボタンやスナップ付け
	閂止めミシン	本縫い式、補強縫い、ネーム付け、テープ付け
カップシーマー		単環縫い、二重環縫い、脇縫い、裾ゴム、袖口ゴムのウエール縫い
リンキングミシン		ループとループのかがり縫いで、単環式のものが多い。成型編地の縫合、衿・前立て・そのほか付属付け
	ダイヤルリンキング	単環式、二重環式
	フラットリンキング	単環式、二重環式、ヤスミ式ともいう。ヤスミは、一般に単環式

2　工業用ミシンの種類

1）1本針本縫いミシン

　ミシンの基本型であり、針と糸の上下運動と生地送り機構により、布を縫合する。上糸（針糸）と下糸（ボビン糸）の2本の糸がループ状にからんで、縫目を構成している。縫目が個々に独立しているため、ほどけにくい特性があるが、縫目そのものは伸縮度に欠ける。Tシャツなどのニット製品には、衿ネーム、絵表示、ワッペンなどに使用される。

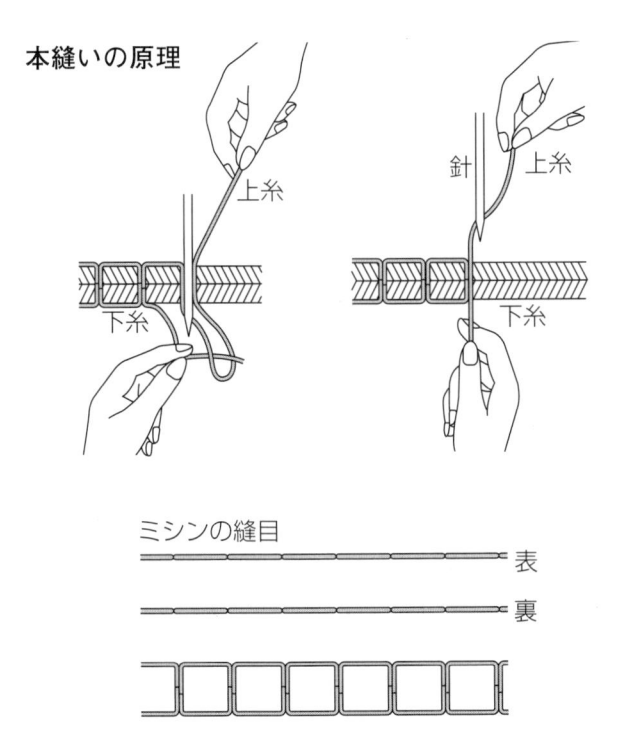

本縫いの原理

2）オーバーロックミシン

　布端がほつれないよう縁かがり縫いに使用する。縫目に伸縮性があり、ニット地の地縫いにも使用される。Tシャツなどのニット製品の縫製で、2枚の生地の縫い合わせや、天地引きなど、広く使用される。ニット縫製では、2本針4本糸を使用し、差動下送り、差動上下送りなどのついているミシンを使用することが望ましい。オーバーロックミシンでは、調節することによって、巻き縫いや裾引きなどの縫い方もできる。

オーバーロックミシン（2本針4本糸）

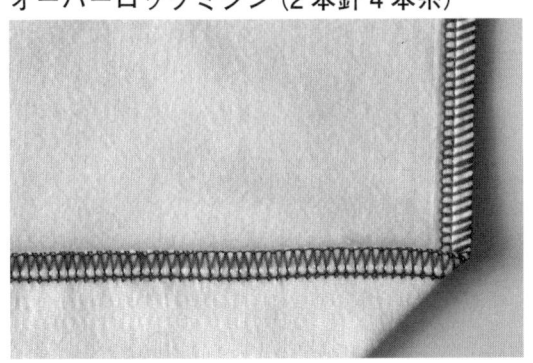

3）裾引きミシン（天地引き）

　一般的には、Tシャツ等、丸編機で編まれた製品の、裾や袖口部分に使用する。横編機で編まれた商品には使用しない。生地を折り上げて、1本針オーバーロックミシンで縫いつける方法。生地の表面には、ポツポツと縫目が現われるだけなので、一見頼りなく見える。伸縮性のあるニット生地には適している。ただし、天地引き縫製は、縫製時、手加減などにより、縫いはずれ、深く入りすぎるなど、熟練を要する。

裾引きミシン（天地引き）

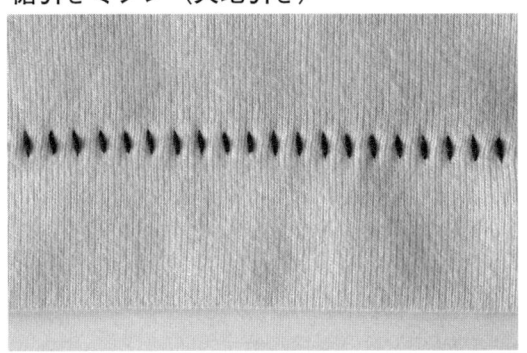

編地提供　ペガサスミシン製造（株）

第8章　ニットの縫製

4）環縫いミシン

ニット縫製の代表的なミシンの縫目方式。下糸取替えが不要のため、生産効率が高い。鎖状の縫目は伸縮性が大きく、環縫いミシンには、単環縫いミシン、二重環縫いミシン、オーバーロックミシン、偏平縫いミシンがありニット縫製には最適である。

①単環縫いミシン

布の一面から糸を供給し、鎖状のステッチを形成するミシン。ほどけやすいので、しつけ縫い、袋の口縫い、ラベル付け等に使用。回転ルーパー式と往復ルーパー式がある。

②二重環縫いミシン

表面が本縫い状、裏面が鎖状に形成された縫い方。布の下面で針糸とルーパー糸のループが交互にくぐり合って、縫目を形成する。

③偏平縫い片面飾りミシン

針数は、2本針、3本針、4本針があり、布地の下側で運動する。飾り糸ルーパーが1本と、布地の上側で運動する飾り糸ルーパーとによって、偏平縫いを形成する。縫い合わせと、飾り縫いが同時にできる。

・以下の写真6点は、偏平縫いミシンの代表的な縫い方である。

1 基本縫い
表 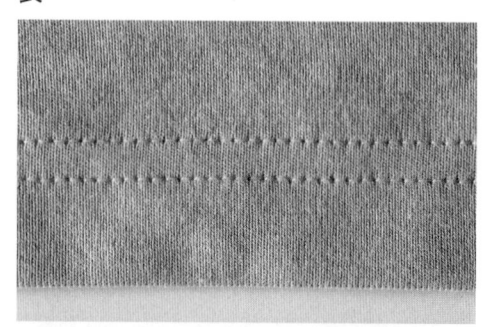
裏

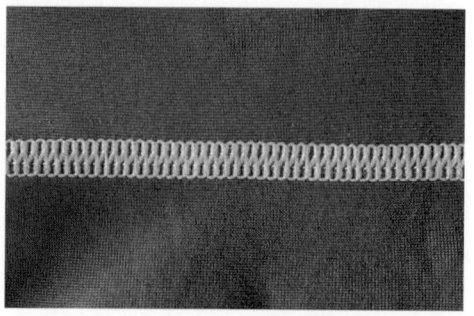

2 ヘミング2本針

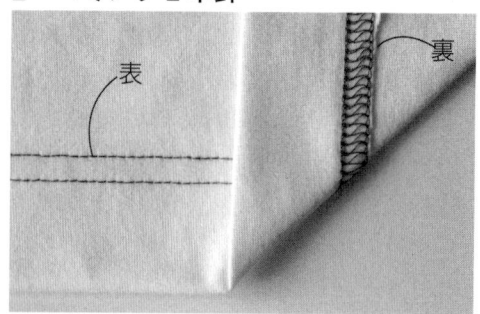

ヘミングは裾上げのこと

3 ヘミング3本針

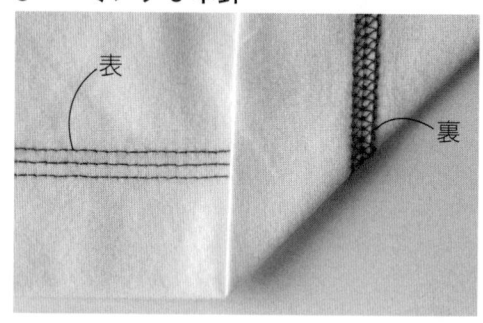

4 カバーリング3本針応用

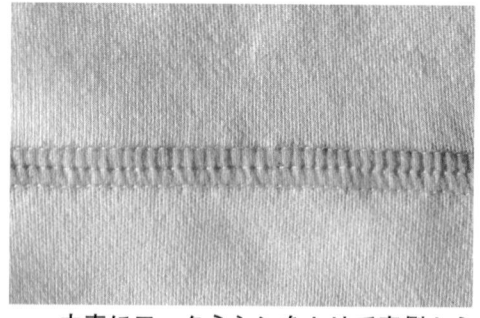

中表にロックミシンをかけて表側から縫い代にミシンをたたくこと

編地提供　ペガサスミシン製造（株）

5 ギャザー3本針

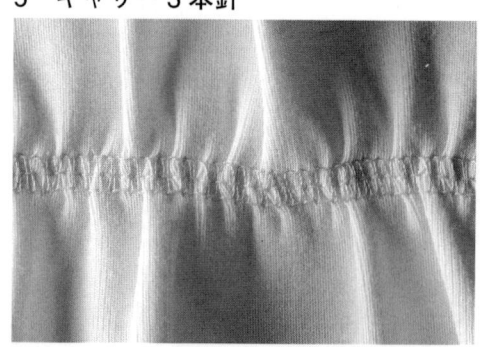

編地提供　ペガサスミシン製造（株）

5) その他
①メロー
　メローミシンと呼ばれる1本針オーバーロックミシンで、針以外にウーリー糸を使用し、送り差動を変えて使用する。編み端、裾、袖口を軽く仕上げたり、フリル状にしたいときに使用する。

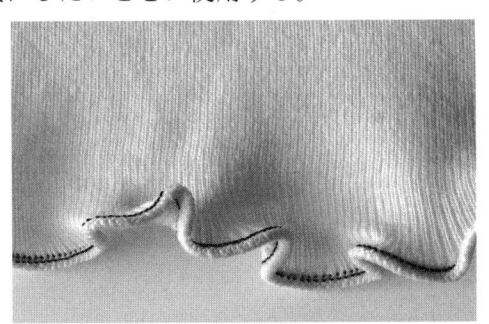

編地提供　ペガサスミシン製造（株）

②ルイス（すくい縫いミシン）
　ルイス（すくい縫いミシン）で、裾、袖口などを折り上げ、表面に針目が出ないようにすくう。縫い終わりの糸が解けないよう、糸端の処理に注意する。

③千鳥縫いミシン
　ジグザグ縫いのこと。連続して千鳥形に縫うミシンのこと。

千鳥の種類

2点千鳥	
3点千鳥	
4点千鳥	

④バインダー
　ラッパともいわれているアタッチメントで、Tシャツの衿、半袖口などに使用されている。衿部分の生地を折って、身頃を挟み込んで、表側からミシンで縫いつける縫製方法。表側身頃に重なった衿表面のステッチがアクセントになる。通常Tシャツでは、1本針、2本針が用いられ、2本針使用の方が縫製強度は高い。

A、B…三つ折れバインダー

C…四つ折れバインダー（パイピング仕立てのように仕上がる。バインダー幅6～25mmで販売されている）

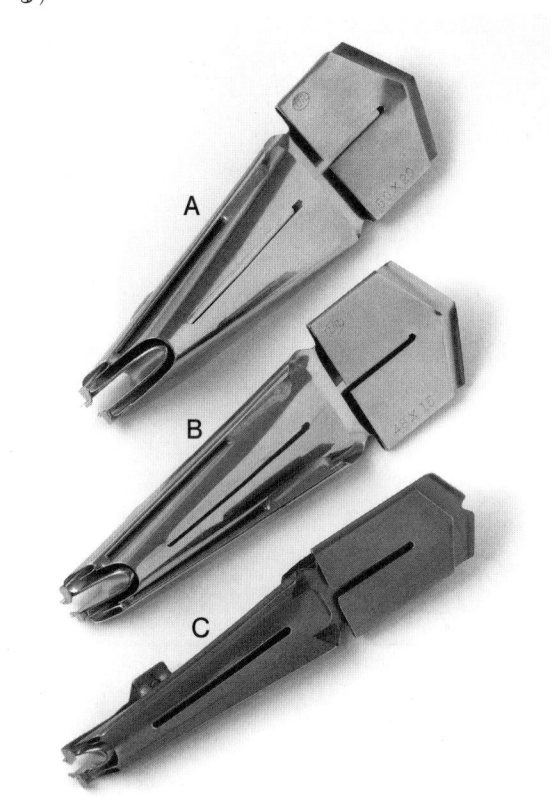

6) ボタンホール用ミシン
①閂止めミシン
ポケットやボタンホールなど、縫目が解けやすい箇所を補強するために使用する。

②眠り穴かがりミシン
ブラウスやシャツなど、比較的小さなボタンホールに使用する。縫目が目を閉じた形に似ているので、眠り穴という。ニットの場合下縫いを2本(2回)行ない、後メスになっている。

眠り穴かがり下縫い2回　眠り穴かがり（縦穴）

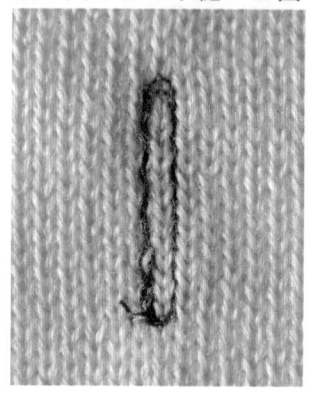

③鳩目穴かがり
ジャケットなど比較的大きく、厚みのあるボタン使いの場合に使用する。片端に鳩の目のような穴があいているため、鳩目と呼ばれている。

鳩目穴かがり糸始末前

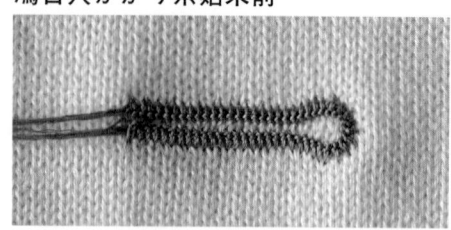

鳩目穴かがり

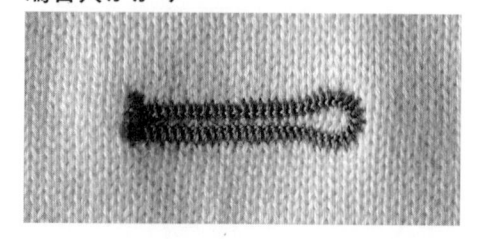

3　ミシン糸と付属品
肩には伸び止めのため、スピンテープを入れる。縫製のとき、横編機で編まれたものは、オーバーロックの針にはスパン糸、かがり糸にはウーリー糸を使用することが多い。Tシャツなどのカット＆ソーンの場合は、スパン糸のみを使用するが、素材、編地によってはウーリー糸を使用する。(例　ベア天竺等)

1) スピンテープ
肩の縫製をする際に、伸び止めと補強のために使用するナイロンや綿のテープのこと。肩縫い線の前後どちらかにスピンテープを置き、アタッチメントを使用して2本針オーバーロックで縫製する。4mm、6mm、8mm幅がある（99ページ、写真1）。

2) ミシン糸
ミシン糸にも番手があり、強度、伸び率に差がある。生地に合わせて使い分けるが、ニット地の場合、伸度の大きい糸は、ほかの要因とも重なって、縫いじわ、糸切れの原因となることがある。以前はミシン糸として綿糸や絹糸などの天然繊維が使用されていたが、現在は、ポリエステル系のポリエステルスパン糸（略語PS糸）を使用する。またポリエステルフィラメント系（略語PF糸）を使用することもある。穴かがりなどには、PF糸を使用する。また、伸縮性に優れている水着素材や、ベア天竺は高伸縮のウーリー糸を針以外に使用する。

3) ウーリー糸
フィラメント糸に伸縮性をもたせたフィラメント加工糸のことで、フィラメント伸縮加工糸と呼ばれている。撚りをかけたフィラメント糸に熱板（ヒートセット）で加熱後、撚りを解き、再度撚って作られている。ナイロン、ポリエステルが主な素材として使用される。ウーリー加工を施された縫い糸はウーリーナイロン糸、ウーリーポリエステル糸と呼ばれている。高伸縮度と低伸縮度のものがあり、高伸縮縫い糸はトルクヤーン、低伸縮縫い糸はノントルクヤーンと呼ばれている。ウーリー糸の特徴は、伸縮性に優れているため水着、ジャージー衣料、肌着などストレッチ性のある生地、編地の縫製に適している。ニット縫製には、2本針、4本糸縁かがりミシン（差動ミシン）を使用し、針と糸にはスパン糸、上ルーパー、下ルーパーにはウーリー糸を使用する（99ページ、写真2）。

ウーリー糸の使用用途

糸　名	伸縮度	用　途	特　徴
ウーリーナイロン糸	低伸度 (低伸縮度)	ガードル、タイツ等の糸	豊かな伸縮性と柔軟性を生かして、ウール状の加工をしていて、弾力性、伸縮性に富み、ボリューム感のあるミシン糸が生地によく合い、機能的でソフトな縫目を作る。
	高伸度 (高伸縮度)	ニット地、下着、水着等の下糸、ロック	
ポリエステルウーリー糸	高伸度	ニット地、下着、水着等の下糸、ロック	生地によくなじみ、耐候性、染色堅ろう性、耐熱性にも優れている。

写真1

写真2

4　ミシン針

ミシン針の番手表示記号は、国によって違っている。日本では、幹部の大きさを数字記号で表わしている。ニット地縫製の場合、先端の丸いボールポイント針を使用することが多い。ミシン針は糸の太さ、および生地に適しているものを選ぶことが重要である。これが適合していないと、目飛び、糸切れ、縫い上がり等の、不良原因となる。またミシン糸においても、多くの番手があり、強さ、伸び率に差があるので、生地に合わせて使い分ける必要がある。ニット地の場合、伸度の大きい糸は、他の要因とも重なって、縫いじわ、糸切れの原因となることもある。

従来、ラダリング防止のために、針先が丸いラウンドポイント針（写真3）を使用していたが、最近は針形や針強度、細さを改善した針が使用されている（写真4）。

写真4の説明

A…UY128GAS（シュメッツ）環縫いミシン（偏平縫いミシン）には針の先端が、スリム形状の標準ラウンドポイント針

B…DB×1　本縫い用

C…DC×1　オーバーロックミシン用　布帛全般とニット素材に使用

写真3　　写真4

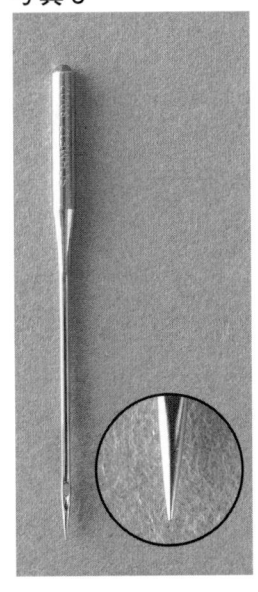

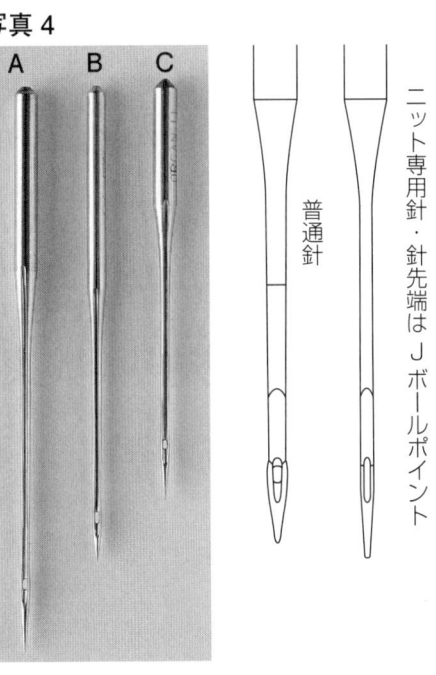

A B C

普通針

ニット専用針・針先端はJボールポイント

第8章　ニットの縫製　99

ミシンと針によるトラブル

	原　因	対　処　法
上糸が切れる	針は正しく取りつけているか	針を正しく取りつけ直す
	針がミシン部分等に接触して先端が潰れたり、曲がってはいないか	新しい針と交換する
	糸の太さに比べて、糸穴が小さくないか	糸の太さに合った番手の針を使用する
	針が太くないか	太い針は針熱も高くなる
下糸が切れる	下糸が切れる原因の多くは、縫い糸にあると考えられる	ボビンケース、ボビンを確認する 糸通しを確認する
地糸切れ	針が太すぎないか	細い針を使用する
	針先が鋭くとがった針を使用していないか	ボールポイント針を使用
	針先が潰れたり曲がってはいないか	新しい針と交換する
	適正なボールポイント針か	布地に合ったボールポイント針と交換する
	生地が溶けて、針に付着していないか	針熱が上昇して生地が溶けてしまうので、糸にシリコンオイルを塗る
パッカリング縫いずれ	生地や縫い糸に対し、針が太すぎ	可能な限り細い針を使用する
	針の先が、潰れたり曲がってはいないか	新しい針と交換する

5　リンキングの概論

リンキングは横編ニット特有の縫製方法で、ミシン縫製とは異なり編み立てとのかかわりが深い。伸縮性があるニット生地に適した縫製方法である。リンキングの特徴は、製品の継ぎ目が目立ちにくく、縫目の厚みを押さえることで、製品を高品質に仕上げることができる。横編ニット生地のもつ特性、表面効果性、伸縮性の特性を重視した縫製方法である。編地に粗目（図5）のニードルループをポイント針に刺し、2枚の編み立てられたパーツをチェーンステッチでつなげる方法。

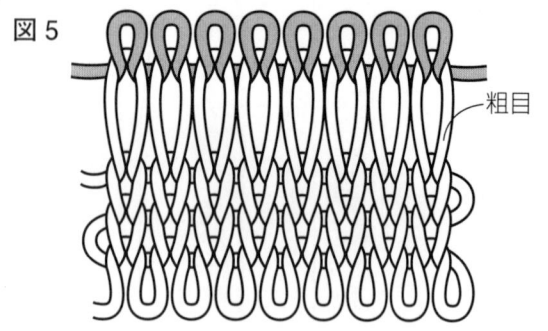

図5　　　　　　　　　　　　　粗目

1)　リンキング縫製の特徴
①正確である
- ループ数を計算してポイント針に刺すため、縫いずれが起こらない。
- 洗濯後、型崩れしない。
- 縫製の単位がセンチではなく、ループ数である。

②縫い代が少ない
- 横編機で編まれた編地は、布帛またはジャージー生地に比べて厚みがあるため、ミシン縫製での三つ折り、四つ折り始末では縫目に厚みが出る。
- ループとループを縫い止めるため薄く仕上がる。

③伸縮性がある
- ループとループを同じ目刺しでかがり縫いをするため、伸縮性に富み、縫目が生地になじむ。

④柄合わせしやすい
- 編目を合わせて縫うことができる。
- 柄を合わせることにより高級感がある。

2) リンキングの用途

リンキング縫製の用途を大別する。

縫い方	縫製箇所	製品	編機の種類
地縫い	肩縫い 袖付け 脇縫い	成型製品	コンピュータ横編機 手動式横編機
パーツ縫い	衿付け 前立て ポケット ボタンホール 切り換え線　　など	カット＆リンキング製品	横編機 丸編機

①地縫い（成型製品のリンキング縫製）

編成時に目数を増減しながら形作って編む成型製品（前身頃・後ろ身頃・袖など）の縫製を行なうことを、地縫いという。地縫いには肩つぎ・袖付け・脇縫い・袖下縫いなどがある。

はぎ方としては下記の3種類が挙げられる。

1　編目と編目の縫合
2　編目と編み端の縫合
3　編み端と編み端の縫合

②パーツ縫い（カット＆リンキング製品）

カット＆リンキング製品の地縫いは、編み端がないため、オーバーロックミシン、本縫いミシンで行ない、横編機で編み立てた付属品（衿・前立てなど）を、編地本体（身頃・袖など）にリンキングでつける。

---

3) リンキングミシンの種類

1　フラットリンキング機（ヤスミ式）
2　ダイヤルリンキング機
3　その他

上記の3種類に分けることができる。

ダイヤルリンキング機

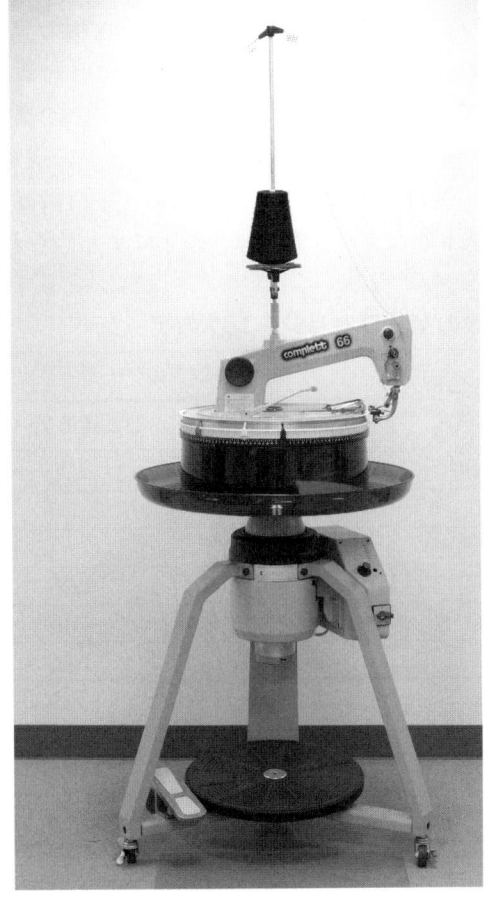

フラットリンキング機（ヤスミ式）

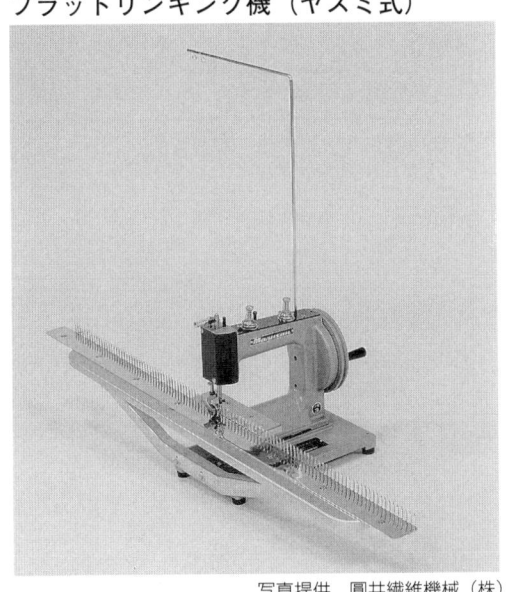

写真提供　圓井繊維機械（株）

第8章　ニットの縫製　101

機　種	概　要	特　徴
フラットリンキング機	・直線のくし歯使用 ・平型（日本独自のリンキング機） ・単環式	・軽量であるため、移動しやすい ・価格が安価 ・引き目の必要がない ・目落ちが少ない ・単環縫い
ダイヤルリンキング機	・外針式 ・内針式	・内針式は高速回転が可能で、機械トラブルが少ないが作業性に欠ける。 ・単環縫いと二重環縫いがある 　一般的には単環縫い

リンキングに用いられているステッチ形式

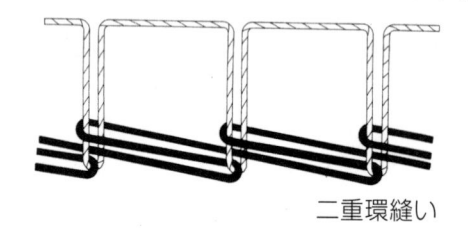

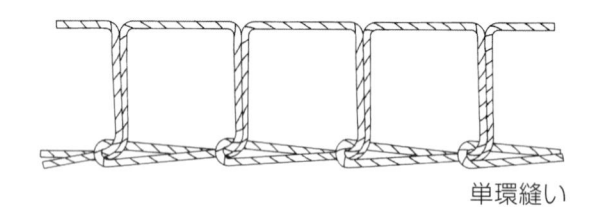

二重環縫い

単環縫い

フック針によるリンキングの縫目形成過程

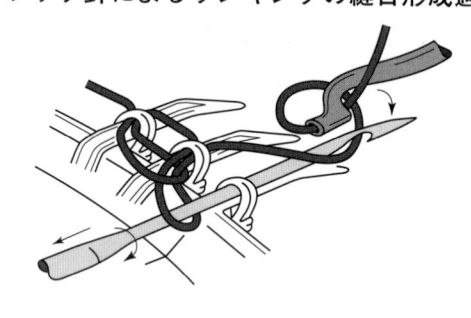

①リンキングのゲージ選定

　リンキング機には、編機と同様にゲージがあり、編地のループの大きさによって、リンキング機のゲージが決定される。フラットリンキング機とダイヤルリンキング機では、同じゲージ表示でも若干、差が出ることもあるため、必ず試縫いを行なう。ゲージの選定は、編み組織・度目などにより異なるため、一概にはいえないが、基本的なゲージ選定は、表2にまとめられる。

表2　編機のゲージとリンキングのゲージ

編機のゲージ	リンキングのゲージ	
	天竺編のゲージ	ゴム編のゲージ
18G	20G	20G
16G	18G	20G
14G	16G	16〜18G
12G	14G	16G
10G	12G	14G
7G	8〜9G	10G
5G	6G	7G
3G	4G	4G
1.5G	3G	4G

4）　リンキング縫製の種類
①リンキングの凡例

①	─┤	編地端部分は止め編（成型）
②	─●	編地端部分は空ロック
③	─φ─	目刺しリンキング
④	─┼─	打つ刺しリンキング

②リンキング機による縫製例（付属部分）

縫 製 名	縫 製 見 本	縫 製 指 示 図	解 説
シングルリンキング	（編み出し／表／リンキング目刺し／裏）	（成型）	1枚の付属編を折り返さないで本体編地の端末にリンキングをする
		（空ロック）	本体編地の裁断部はほつれ防止のため、捨てオーバーロックをかける
ダブルリンキング	（表／編み出し／リンキング目刺し／裏）		ゴム編を二重にした付属品をつける中央折山線に片袋編を入れる場合もある編み出し部分は裏側にする
サンドイッチリンキング（袋ばさみリンキング）	（表／袋編／リンキング目刺し／裏）		ゴム編を途中から天竺袋編に変えた付属品をつける
天竺袋ばさみリンキング（パイピング）	（袋編／リンキング目刺し／表／編み出し／裏）		天竺袋編で縫製

③その他の方法

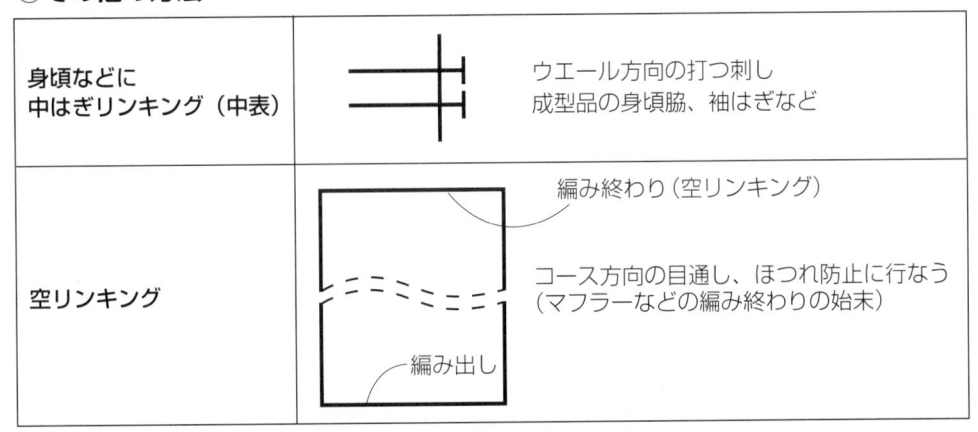

身頃などに中はぎリンキング（中表）		ウエール方向の打つ刺し 成型品の身頃脇、袖はぎなど
空リンキング	編み終わり（空リンキング）／編み出し	コース方向の目通し、ほつれ防止に行なう（マフラーなどの編み終わりの始末）

第8章 ニットの縫製

6 リンキングの代表作例
1) ネックラインの代表作例

ディテール・名称	デザイン	作例
①ラウンドネック		目刺し／天竺袋ばさみリンキング（パイピング）／編み出し／1×1リブ ダブルリンキング／目刺し
②ラウンドネック		目刺し／編み出し 1×1リブ／天竺袋ばさみリンキング
③クルーネック		編み出し／目刺し／2×1リブシングルリンキング（2×2）
④Uネック		ⓐ 天竺袋ばさみリンキング／目刺し　ⓑ 1×1リブシングルリンキング／目刺し／編み出し／幅は細く
⑤ハイネック		編み出し／目刺し／1×1リブまたは総ゴム シングルリンキング
⑥タートルネック	二つ折り　三つ折り	1×1リブリンキング／編み出し／度詰め／目刺し／または天竺袋ばさみリンキング
⑦モックタートルネック		1×1リブ ダブルリンキング／目刺し／編み出し
⑧オフタートルネック		前下がり深く／編み出し／総針ゴム、畦など／度詰め／天竺袋ばさみリンキング

ディテール・名称	デザイン	作例
⑨Vネック		ⓐ 額縁始末／天竺袋ばさみリンキング　ⓑ 縫い代割り縫い／手まつり／1×1リブシングルリンキング
⑩スクエアネック		ⓐ 額縁始末／天竺袋ばさみリンキング（または1×1リブダブルリンキング）　ⓑ 編み出し1×1リブ／天竺袋ばさみリンキング／手まつり
⑪ボートネック		袖／両肩ではぐ／手かがりまたはミシン縫い／天竺袋ばさみリンキング
⑫ノーカラー		目刺し／リブ／すくい縫い／編み出し
⑬カーディガンネック（ラウンド）		ⓐ 1×1リブシングルリンキング　ⓑ 1×1リブシングルリンキング
⑭カーディガンネック		ⓐ 天竺袋ばさみリンキング（または1×1リブダブルリンキング）　ⓑ 1×1リブシングルリンキング／目刺し／編み出し
⑮カーディガンネック		ⓐ 身頃耳／耳／総針テープ／中表（リンキング）／耳　ⓑ 総針テープ／縫い代／耳／ステッチ／本縫い
⑯カーディガンネック（のぞき始末）		のぞき分（天竺）／総針テープ／耳／ステッチ／本縫い

第8章　ニットの縫製　105

ディテール・名称	デザイン	作例
⑰キモノネック（サープリスネック）		天竺袋ばさみリンキング／上前のリンキングのきわに落しミシン／下前はオーバーロックでカット（裏）
⑱ドレープネック		後ろ衿ぐり ⓐ 天竺袋ばさみリンキング／（裏）総針テープ見返し／肩・前ベム（折り返し）・袖
⑲キャミソールネック		ⓐ 総針テープ／耳／天竺袋ばさみリンキング／中表（リンキング） ⓑ 空リンキング／天竺袋ばさみリンキング

2) 衿の代表作例

ディテール・名称	デザイン	作例
⑳ポロカラー		編み出し／総針ゴム・ミラノリブなど／天竺袋ばさみリンキング／耳／（表）編み出し／（裏）天竺袋ばさみリンキング／空リンキング
㉑シャツカラー（台衿付き）		ⓐ 編み出し／空リンキング／天竺袋ばさみリンキング／総針ゴム・ミラノリブなど／天竺袋パイピング ⓑ 編み出し／内減らし成型／総針ゴム・ミラノリブなど／天竺袋ばさみリンキング／※衿・台衿一体型
㉒オブロングカラー		編み出し／総針ゴム／耳／天竺袋ばさみリンキング／編み出し
㉓オープンカラー		編み出し／空リンキング／総針ゴム・ミラノリブなど／耳／中表リンキング／内減らし成型／天竺袋ばさみリンキング

ディテール・名称	デザイン	作　例
㉔テーラードカラー		天竺袋パイピング／縫い割り／天竺テープ両ばさみリンキング／空ロック／（裏）／天竺袋パイピング
㉕テーラードカラー		天竺袋パイピング／空リンキング／天竺テープ両ばさみリンキング／天竺パイピング
㉖ピークラペル		天竺テープ両ばさみリンキング／天竺袋パイピング／内減らし成型／中表リンキング／総針ゴム・ミラノリブなど
㉗フラットカラー		天竺袋パイピング／（表）／総針テープ見返し／（裏）
㉘ショールカラー		ゴム地／天竺袋ばさみリンキング／編み出し
㉙スタンドカラー		ⓐ 総針ゴム度詰め／編み出し／天竺袋ばさみリンキング／手かがり　　ⓑ 編み出し／耳／空リンキング／天竺テープ両ばさみリンキング／天竺パイピング
㉚スタンドカラー		ⓐ 編み出しまたは二つ折り／ゴム地／空リンキング／天竺テープ両ばさみリンキング／天竺袋パイピング　　ⓑ 天竺袋パイピング／天竺袋ばさみリンキング　　※ファスナー、ホックなどは突き合わせデザイン

第8章　ニットの縫製

ディテール・名称	デザイン	作例
㉛ タイカラー		耳、総針ゴム、シングルリンキング、空リンキング、衿付け止まり、天竺袋パイピング、耳、編み出し／幅太の場合 結び部分を細く成型編
㉜ タイカラー		編み出し、天竺袋ばさみリンキング、目刺し、天竺袋パイピング、衿付け止まり、空リンキング、耳
㉝ ロールアップカラー		ⓐ 編み出し、天竺表目、1×1リブ、(表)、天竺袋ばさみリンキング　ⓑ 編み出し、天竺が自然に表にロールアップする、はぎ目はロール止め付け

3) カフスの代表作例

ディテール・名称	デザイン	作例
㉞ 別付けリブ		① (袖本体)、空ロックまたは編み出し、1×1リブ 総ゴムなど、編み出し　② ギャザーを寄せてシングルリンキング、目刺し
㉟ パイピングカフス		タックまたはギャザーを寄せる、天竺袋ばさみリンキング(パイピング)、目刺し
㊱ シングルカフス		袖下、天竺袋ばさみリンキング、目刺し、空リンキング、天竺袋ばさみリンキング
㊲ シングルカフス		袖下、中表リンキング、シングルリンキング、総針テープ、目刺し、総針ゴム、天竺袋ばさみリンキング、耳、編み出し

ディテール・名称	デザイン	作例
㊳ダブルカフス		ⓐ 袋編み出し／袖下／奥で止める／折り山に片袋1本入れる　ⓑ 袋編み出し／目刺し／天竺袋ばさみリンキング／別編地

4） ポケットの代表作例

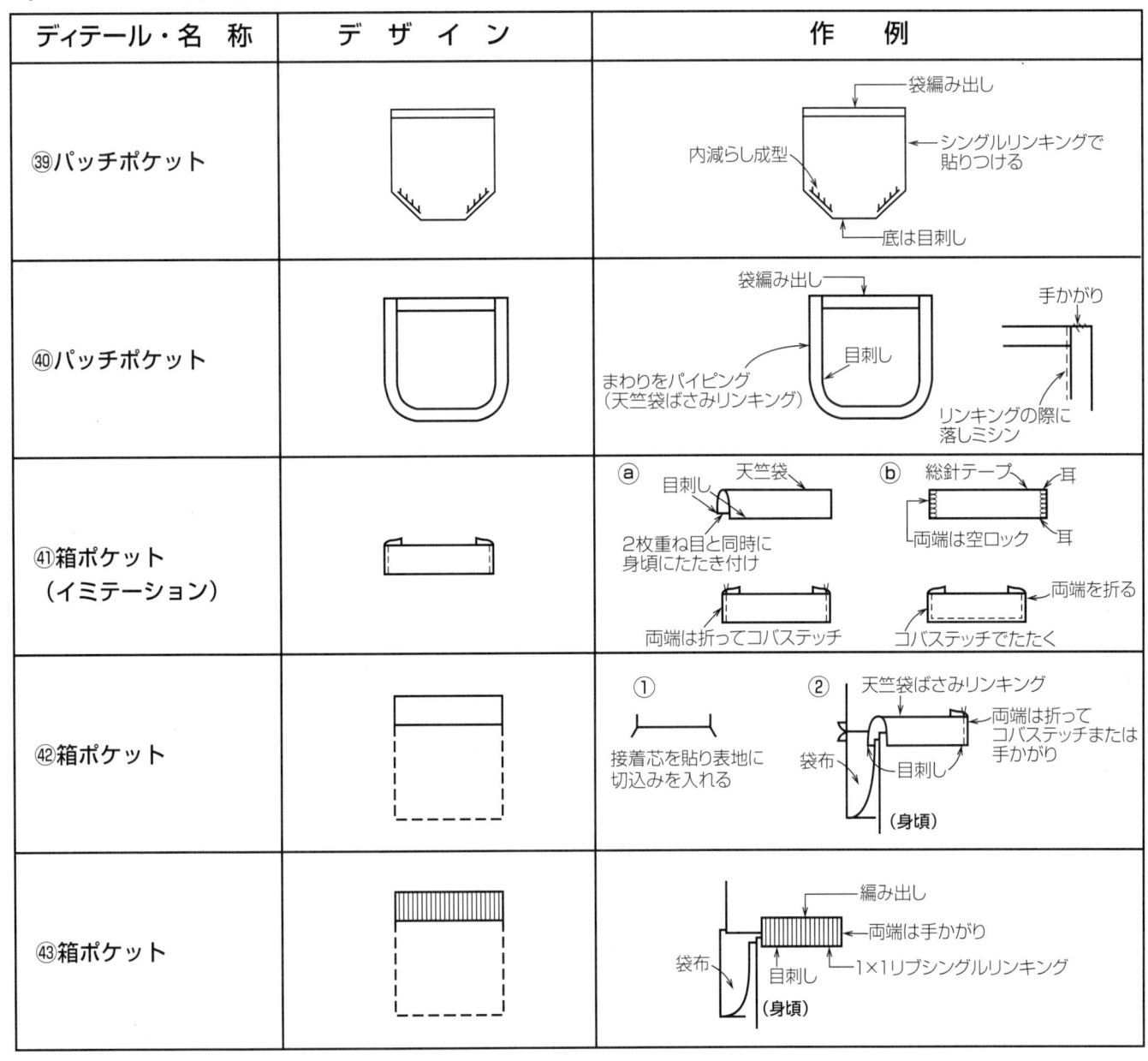

ディテール・名称	デザイン	作例
㊴パッチポケット		袋編み出し／内減らし成型／シングルリンキングで貼りつける／底は目刺し
㊵パッチポケット		袋編み出し／目刺し／まわりをパイピング（天竺袋ばさみリンキング）／手かがり／リンキングの際に落しミシン
㊶箱ポケット（イミテーション）		ⓐ 目刺し／天竺袋／2枚重ね目と同時に身頃にたたき付け／両端は折ってコバステッチ　ⓑ 総針テープ／耳／両端は空ロック／両端を折る／コバステッチでたたく
㊷箱ポケット		① 接着芯を貼り表地に切込みを入れる　② 天竺袋ばさみリンキング／両端は折ってコバステッチまたは手かがり／袋布／目刺し／（身頃）
㊸箱ポケット		編み出し／両端は手かがり／1×1リブシングルリンキング／袋布／目刺し／（身頃）

第8章 ニットの縫製　109

ディテール・名称	デザイン	作例
㊹玉縁ポケット（イミテーション）		目刺し／両端は手かがり／天竺袋 2枚重ね目たたき付け／目刺し
㊺フラップポケット（イミテーション）		ⓐ 手かがり／目刺し／シングルリンキング／まわりをパイピング（天竺袋ばさみリンキング）　ⓑ （裏）／本縫いにして表に返す

5) 飾りパーツの代表作例

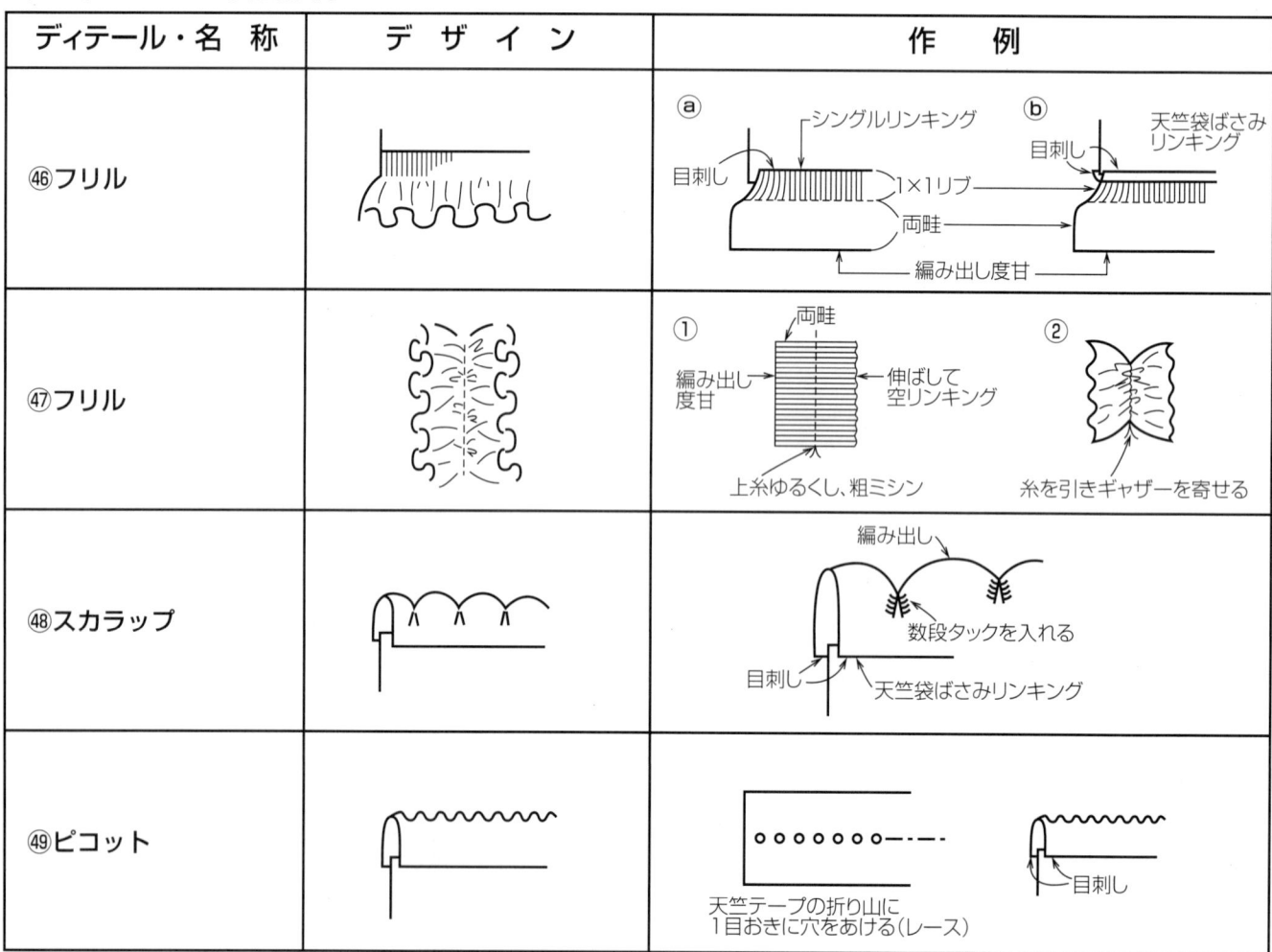

ディテール・名称	デザイン	作例
㊻フリル		ⓐ シングルリンキング／目刺し／1×1リブ／両畦／編み出し度甘　ⓑ 天竺袋ばさみリンキング／目刺し
㊼フリル		① 両畦／編み出し度甘／伸ばして空リンキング／上糸ゆるくし，粗ミシン　② 糸を引きギャザーを寄せる
㊽スカラップ		編み出し／数段タックを入れる／目刺し／天竺袋ばさみリンキング
㊾ピコット		天竺テープの折り山に1目おきに穴をあける(レース)／目刺し

　以上、ネックライン、衿、カフス、ポケット、飾りパーツの付属編別に編み立て方法からリンキング手法までの代表的な作例を説明した。その他にも組合せにより、応用すれば幾通りものデザインバリエーションが考えられる。

第9章 ニット製品のまとめと仕上げ

1 染色・加工

染色・加工についての一般的な説明は、服飾関連専門講座①『アパレル素材論』、③『アパレル染色論』で述べられているので、本書ではニット素材を中心とした染色・加工について説明する。

染色の種類

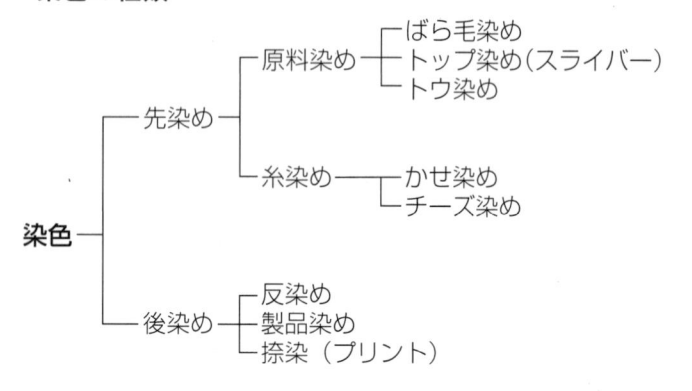

```
            ┌─ 原料染め ─┬─ ばら毛染め
            │           ├─ トップ染め（スライバー）
      ┌ 先染め            └─ トウ染め
      │     │
      │     └─ 糸染め ─┬─ かせ染め
染色 ─┤                └─ チーズ染め
      │
      │           ┌─ 反染め
      └ 後染め ──┼─ 製品染め
                  └─ 捺染（プリント）
```

加工の種類

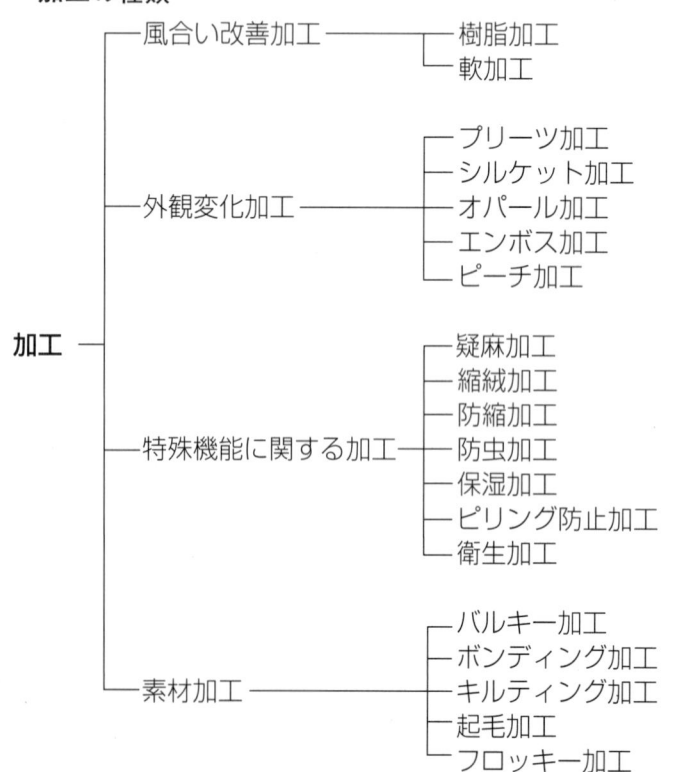

```
        ┌─ 風合い改善加工 ──┬─ 樹脂加工
        │                   └─ 軟加工
        │
        │                   ┌─ プリーツ加工
        │                   ├─ シルケット加工
        ├─ 外観変化加工 ────┼─ オパール加工
        │                   ├─ エンボス加工
        │                   └─ ピーチ加工
加工 ──┤
        │                       ┌─ 疑麻加工
        │                       ├─ 縮絨加工
        │                       ├─ 防縮加工
        ├─ 特殊機能に関する加工 ┼─ 防虫加工
        │                       ├─ 保湿加工
        │                       ├─ ピリング防止加工
        │                       └─ 衛生加工
        │
        │                   ┌─ バルキー加工
        │                   ├─ ボンディング加工
        └─ 素材加工 ───────┼─ キルティング加工
                            ├─ 起毛加工
                            └─ フロッキー加工
```

1) 染色

①ばら毛染め

紡毛を毛の状態で染色する方法。

ばら毛染め、トップ染めして作った異色の羊毛を混ぜ合わせて、紡績した糸を用いて織り表わした一見色。染めたスライバーの各色を混ぜ合わせ、希望の色糸に紡いだものを一見色という。ただし、白、グレー、黒の混色と、ベージュ、茶、こげ茶の混色以外の混色で作った糸。

②トップ染め

梳毛のスライバーをトップ巻きの状態で染色する方法。メランジヤーンなどの見え方も同じである。トップ染めは、ばら毛染めより繊維がなめらかに染め上がり、紡ぎやすいといわれている。

③糸染め

糸の段階で浸染により、染める染色。染まった糸を染め糸、色糸などと呼ぶ。精錬、漂白しただけの白色の糸を晒糸またはローホワイト（RW）という。

④製品染め

服として仕上げた製品を浸染によって無地染めする染色のこと。素材の風合いが失われ、硬くなりやすく、編目不揃いなどを起こしやすい。主にTシャツや肌着などに使用され、高級ニットなどに使用される頻度は少ない。

2) 加工

素材や製品に物理的または、化学的操作を加えることにより、形や外観に変化を与えたり、別の性質を添加したりすることを加工という。また繊維や繊維製品の風合いの改善、外観の変化、特殊な性能をもたらすこともいう。新素材の創造などのために施す特殊加工などもある。

①縮絨加工（フェルト加工）

紡毛素材のごわごわした風合いを、湿らせた状態で、揉んだり、叩いたりして、フェルト化させ、経緯に収縮させ、組織を密にし、地厚にすることができる。

②防縮加工

洗濯などによって縮まないようにする加工。ウールでは繊維のスケールを処理してからみ合いをなくすことにより、縮みを防ぐことができる。繊維により加工方法が異なる。

羊毛……クロリネーション加工・樹脂加工

③シルケット加工

綿に絹のような光沢・染色性・強度などを与える加工。綿糸または綿織物を、緊張した状態で苛性ソーダのアルカリ濃溶液に浸す。繊維の断面は円形かつ平滑になり光沢が出る。ポリエステル綿混などに用いられる。マーセライズ加工、マーセル化などとも呼ばれる。

綿……サンフォライズ加工

綿・レーヨン……樹脂加工

④擬麻加工

綿素材にリネンのような張り、硬さ、光沢を与える加工。綿にマーセル化処理を施す。パーチメント化処理を行なって光沢を出し、糊付けまたは樹脂加工して硬さを与える。リンネット仕上げともいう。

⑤バルキー加工

編み糸をかせ染めする場合、精錬、漂白、染色工程の前に行ない、バルキー性を高める工程。糸蒸室にてかせ糸に蒸気と熱を加えて収縮させる。

バルキー性……嵩高性。ふっくらと嵩張らせること。

2 整理・仕上げ

整理仕上げとはニット製品の最終工程である。

整理仕上げ工程とは発注側の要求に応じて、製品の風合いや外観などを表現するための工程である。ニット商品として市場に提供する最終段階の工程であり重要な工程である。

1) 整理仕上げの目的と概要

ニット製品の整理仕上げとは、ニット地の特徴である、伸び分を考慮して行なう必要が重要である。ニット製品は布帛製品と比較して、伸縮性が優れているため、フィット感があり、着やすく軽く、活動的に着用できる。反面、伸縮性が大きいために、製品の寸法安定性を欠き、型崩れなどを起こしやすいことが欠点となる。ニット地の長所を生かし、欠点を補い、良い商品を市場に供給することが必要となる。

①目的

具体的には下記の事項にまとめることができる。

- 使用素材や編地に適した風合いを表現する。
- 製品の形を安定させ、指示寸法に作る。
- 流行や指示に沿った外観表現をする。
- 生産中における汚れを取り除く。
- 製造後、必要に応じて各種加工を行なう。

②概要

ニット製品の整理仕上げは、商品の品質・素材・編機ゲージなどを考慮して決定しなければならない。

ニット製品の仕上げ工程では、ニット地の長所である伸び、軽さ、着やすさなどを保ち、また欠点となる大きな伸縮率のための型崩れ、形態不安定などをカバーするなど、長所と欠点を考慮しての仕上げをすることが大切である。仕上げ作業中は編目曲がりを防止する。編目の均一化を図るなどのことが大切である。

また編成後の仕上げとしては、スチームなどの温熱によって収縮を固定し、形態安定をすることが大切である。

目標とする風合いや表面効果などに仕上げる技法は、各メーカーにおいて長い年月の経験と知識によるところが多いと考える。

仕上げ方法は表1のように分類することができる。

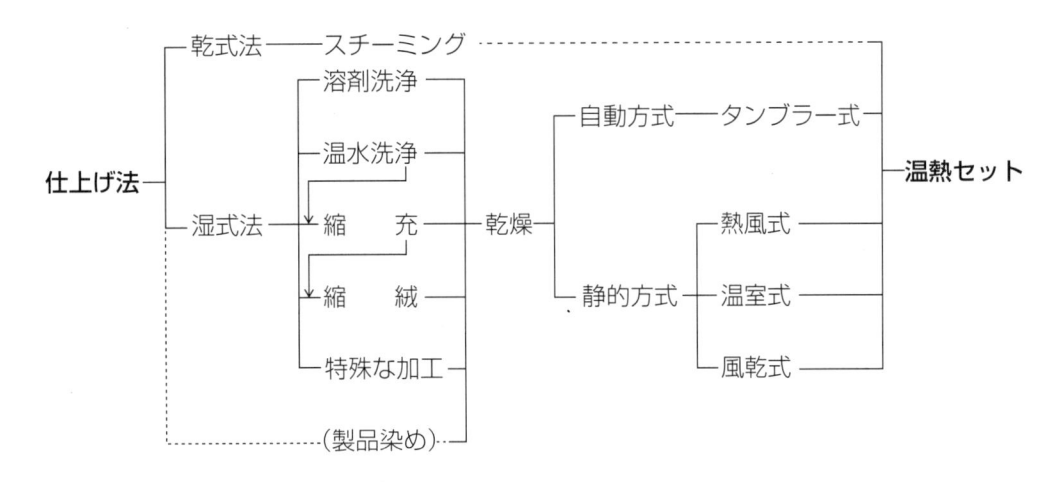

表1 整理仕上げ法の分類

```
                ┌─ 乾式法 ─── スチーミング ┈┈┈┈┈┈┈┈┈┈┈┈┈┈┈┈┈┈┈┈┐
                │           ┌─ 溶剤洗浄                                              │
                │           │                      ┌─ 自動方式 ── タンブラー式 ─┤
仕上げ法 ───┤           ├─ 温水洗浄                │                              │
                │           │       ↓               │              ┌─ 熱風式 ───┤ 温熱セット
                └─ 湿式法 ─┼─ 縮  充 ─── 乾燥 ─┤              │              │
                            │       ↓               └─ 静的方式 ─┼─ 温室式 ───┤
                            ├─ 縮  絨                              │              │
                            │                                      └─ 風乾式 ───┘
                            └─ 特殊な加工
                                  (製品染め)
```

1 乾式法

乾式法とは、加工物にスチームをあてて行なう最も簡単な方法（スチーミング）。生産工程中の歪みが緩和されること、汚れなどの欠点がないことなどが条件となる。

代表的な仕上げ法として、蒸気アイロンを用いて加工物に130℃程度のスチームをあてて、緩和させ型枠に入れ指定寸法にセットする。

2 湿式法

湿式法による整理仕上げ法は、洗浄＝ソーピング、縮充＝ミーリング、縮絨＝フェルティングが主となっている。ウール素材を対象とし、主に「風合い」「表面表情」をかもし出すことを目的とする。

洗浄＝ソーピング

生産工程中の歪みの緩和、汚れや紡績時の油剤などを除去することを目的とする。ソーピングでは乾燥方法にもよるが、乾式法によるスチーミングよりも加工物の緩和促進の効果が大きい。風合いもソフトになる。しかし、素材によっては張りやこしが減少する傾向も出てくる。

縮充＝ミーリング

毛素材の編地を温水などに浸し、もむなど機械的に力を加えることにより縮絨性が表われる。厚さが増し毛羽立ち、それらがからみ合ってボリューム感が出てくる。このような現象を起こさせることを縮充という。

縮絨＝フェルティング

縮絨性が強く表われ、繊維同士が固くからみ合い、フェルト状に変化する。縮絨性の度合いにより縮充と縮絨を区別し使用されている。

3 品質および品質管理と検品
1) 品質および品質管理と検品

①品質と品位

品質とは商品のできあがりが、良いか悪いかの判断ではなく、商品自体そのものが良いか悪いかを判断することである。

品質には「設計品質」と「管理品質」の二つがある。設計品質とは、製品企画をするとき、決定された目標とする品質をいう。ターゲットとする客層と売値に対して、どのような素材を使用し、編み組織、編目密度、縫製仕様および風合いなどを検討して、サンプルを製作し、修正を加えながら最終決定することをいう。

管理品質とは、実際に製造された量産製品が、決定された設計品質と適合しているかどうかを管理するものである。設計品質と管理品質とが完全に合致し製造されることが望ましい。

品位とは、設計品質目標が、完全に達成された場合の製品のできばえを意味し、製品の顔ということができる。

②品質管理と検品

品質管理とは消費者の要求に合った商品を製造するための手段のことをいう。商品を製造するにあたっての必要要素は、下記のように集約することができる。

- 安心して購入できる品質
- 手ごろな価格
- 欲しいとき入手できる納期

以上の事項に対して、計画・実行・チェック・対策の管理を効率よく対応していくことが、必要と考えられる。

検品とは、製造されたサンプルおよび商品が、決定された設計管理に基づいて、製造されているかをチェックすることをいう。

検品とは、下記のように分けることができる。

1 工程検査……製造の各段階に行なう
2 最終検品……出荷直前に行なう
3 受け入れ検品……アパレルなどの、仕入れ段階で行なう

1、2、3の検査、検品において、決定された基準と異なる場合には、修正処置を行ない設定品質の維持を目的とする。

現在生産基地の多くが海外に移転している現状、最終検品や受け入れ検品などは、海外生産地において行なわれることも多い。

③検品の方法

ここでは、仕入れ側、アパレルメーカー側の受け入れ検品について解説する。

発注者側の指示書により製造されたサンプルや製品が、指示と合致して製造されているかを確認することを検品という。メーカーにおける最終検品の結果が一致することが必要である。そのため両者間で、検品方法や品質を判定する基準などの項目について、同じ考え方、同じ判定基準を共有することが必要となる。

製品の全数量検査が原則であるが、主要な部分の確認については、生産量に対し一定比率で、各色1枚から数枚の抜き取り検品方式とする。

検品項目	区　分	判　定　基　準
縫製	裁断	1 編目曲がりが目立たない 2 前身頃の中央および袖山線の編目が通っている 3 各部の柄合わせが目立たない
	縫製全般	1 各部の縫い合わせは、上下糸のつれ、たるみがない 2 糸端の始末が完全である 3 縫いとび、縫いはずれがない 4 縫い目曲がりがなく、ステッチが平均している 5 かがりのほつれがない 6 縫い始めと縫い終わりの重ね縫いが充分で、縫い継ぎ目が目立たない 7 編地の伸びに対し、縫目の伸びが充分耐えうる 8 リンキングの目落ちがない 9 縫い止りの始末が完全である 10 縫い代は、幅の不揃い、波うち、倒し方不良がない
	衿付け	1 衿の長さ、幅および形態が左右均等でバランスがとれている 2 衿と衿ぐり寸法のバランスがとれている 3 プルオーバー製品では大人用の衿回り寸法が伸ばして60cm以上あり着用しやすい
	肩縫い	1 リンキング縫いの場合、目刺しのずれがない。粗目が目立たない 2 その他の縫いの場合、伸び止め補強が適切に行なわれている 3 左右の肩幅、肩下がりの差異がない
	袖縫い	1 リンキング縫いの場合、目刺しのずれがない。粗目が目立たない 2 袖付け、脇縫い、袖縫いの交点のずれがない。 　交点、出合い不良による部分の粗目が目立たない 3 袖付けは、いせ込み配分が適切で、縫いじわが目立たない 4 左右袖丈の違いが目立たない
	脇縫い	1 リンキング縫いの場合、目刺しのずれがない。粗目が目立たない 2 左右のバランスがとれている
	袖口・ゴム （ゴム）	1 付け合せのずれが目立たない 2 縫い糸端の始末が適切で目立たない 3 ゴム編み出しの伸縮が適切である
	前身頃 （前立て）	1 前立ての重なりが適切で、上前、下前の長さが等しい 2 前立てと、身頃の長さのバランスが適切である 3 前立て下の止めが完全である。下のつまみが目立たない
	ポケット	1 切りポケットの場合は、内側ポケットにループで足止めされている 　ループの長さ1.5～2.0cm 2 つけ位置が正確である（左右のポケットに差異がない） 3 ポケット口のつれ、たるみがない
	ボタンホール	1 位置が正常で、ボタンの大きさに適合している 2 かがりは、丁寧で、必要に応じて力布や芯糸で補強し、充分な強度がある 3 メス落ちが完全である
	ボタン付け	1 位置が正確で、しっかりついている 2 編地の状態に応じ、力ボタンをつける
	衿ネーム	1 ネーム付けも充分にゆとりがあり、つれていない

検品項目	区分	判定基準
編地	組織不良	1 かぶり、柄不揃いなどの組織崩れがない 2 度目段むら、編目不揃いなど、編密度の違いが目立たない 3 糸むら、異常編成張力むらなどによる部分的な編目のつれがない
	編成不良	1 目落ち、糸切れ、キズがない 2 成型製品は、編み出しの伸びが充分にあり、無理な目移し、減目、増目がない 3 編針および針床などの不良による縦筋が目立たない
	染色不良	1 色むらが目立たない 2 ロットによる色の差が目立たない
	整理仕上げ不良	1 風合いむらがない 2 色および、水輪じみが目立たない 3 加工じわ、当たりがない 4 セットの不完全によるサイズ不揃いがない
	管理不良	1 全製品工程の管理不良による汚れがない 2 使用糸以外の飛び込みがない
	編目曲がり斜行	1 コース方向の編目曲がりは、無地の場合3％以内、格子およびボーダー柄の場合2％以内を限度とする 2 ウェール方向の編目曲がり（斜行）は、無地の場合2％以内、縦柄の場合1.5％以内を限度とする

伸び寸法	衿回り	大人物	婦人物 紳士物		60cm以上 62cm以上
		子供物	サイズ	100 110 120 130・140 150・160	56cm以上 57cm以上 58cm以上 60cm以上 60cm以上
	袖口ゴム	手のひら回り以上			
	身幅（裾ゴム）	着用寸法の約1.5倍			

2）検品の採寸と検品

- 最終仕上げの商品で行なうこと。
平台の上に載せ、商品を無理に伸ばしたり、引っ張ったりせず、自然の形に置いて採寸する。
- 表2　採寸基準寸法と、商品の実寸法を確認し、指示書に記入。誤差の有無を明記する。このとき、発注者側と、製造者側が採寸に対して、同じ見解をもつことが大切である。
- また検品作業には、各基準寸法だけではなく、縫製、色むら、柄崩れ、ロット違いの有無などの作業も含まれる。

各会社において、独自の採寸・検品システムがある。

表2　採寸基準寸法

番号	名　称	番号	名　称	番号	名　称
①	身幅	⑬	衿下がり（後ろ衿下がり）		ヒップ幅
②	着丈	⑭	アームホール		後ろスカート丈
③	肩幅	⑮	台衿幅		スカート裾幅
④	袖丈	⑯	衿先幅		袖渡り寸法
⑤	裄丈	⑰	衿回り		裾できあがり寸法
⑥	袖幅	⑱	前立て長		カフス丈
⑦	袖口幅	⑲	前立て幅		カフス幅
⑧	裾幅	⑳	裾ゴム丈		ベルト幅
⑨	天幅（外天）	㉑	袖口ゴム丈		パンツ丈
⑩	天幅（内天）		肩ひも長		股下丈
⑪	衿幅		肩ひも幅		股上丈
⑫	衿下がり（前衿下がり）		ウエスト幅		腰丈

①採寸箇所説明

- 身幅は、袖付け脇下2cmの位置を計る。布帛では一般的に前身幅の方が後ろ身幅よりも広い。身幅に前後差がある場合には平均値を、バスト上がり寸法と記入する。
- 着丈は、サイドネックポイントから裾までを計る。
- 肩幅は、両袖付け肩先間を直線で計る。布帛ではショルダーポイントからバックネックポイントまでの2倍を計る。
- 袖丈は、袖付け肩先から袖口までを計る。
- 袖幅は、袖付け脇下から袖山線に直角に向かう直線を計る。なお袖渡り寸法とは、これの2倍の寸法を指す。
- 裾幅は、裾での両脇間を直線で計る。なお前後差がある場合（裾できあがり寸法）とし、裾の周囲寸法を記入。

- 天幅(外天)、衿下がり(前衿下がり)などの衿付けは、付け←→付け間で計る。
- アームホール（AH）は、袖付け肩先と袖付け脇下を直線で計る。布帛の場合はAHの曲線実寸を指す。
- 裾ゴム丈、袖口ゴム丈については、型紙や絵型では水平方向を幅といい、垂直方向を丈という。なおベルトは長さに対する狭い方を幅という。
- 裄丈は、バックネックポイントからショルダーネックポイントを通り、袖口までを計る。身頃から断ち出した形の袖には、裄丈は必ず必要である。
- 天幅（内天）は衿の内側を計る。
- 天幅（外天）は衿付け位置のサイドネックポイントで計る。
- カーディガン衿下がり（前衿下がり）はサイドネックポイントから第一ボタンの中央まで計る。

1 プルオーバー
（セットインスリーブ・ラウンドネック）

2 プルオーバー
（ラグランスリーブ・ラウンドネック）

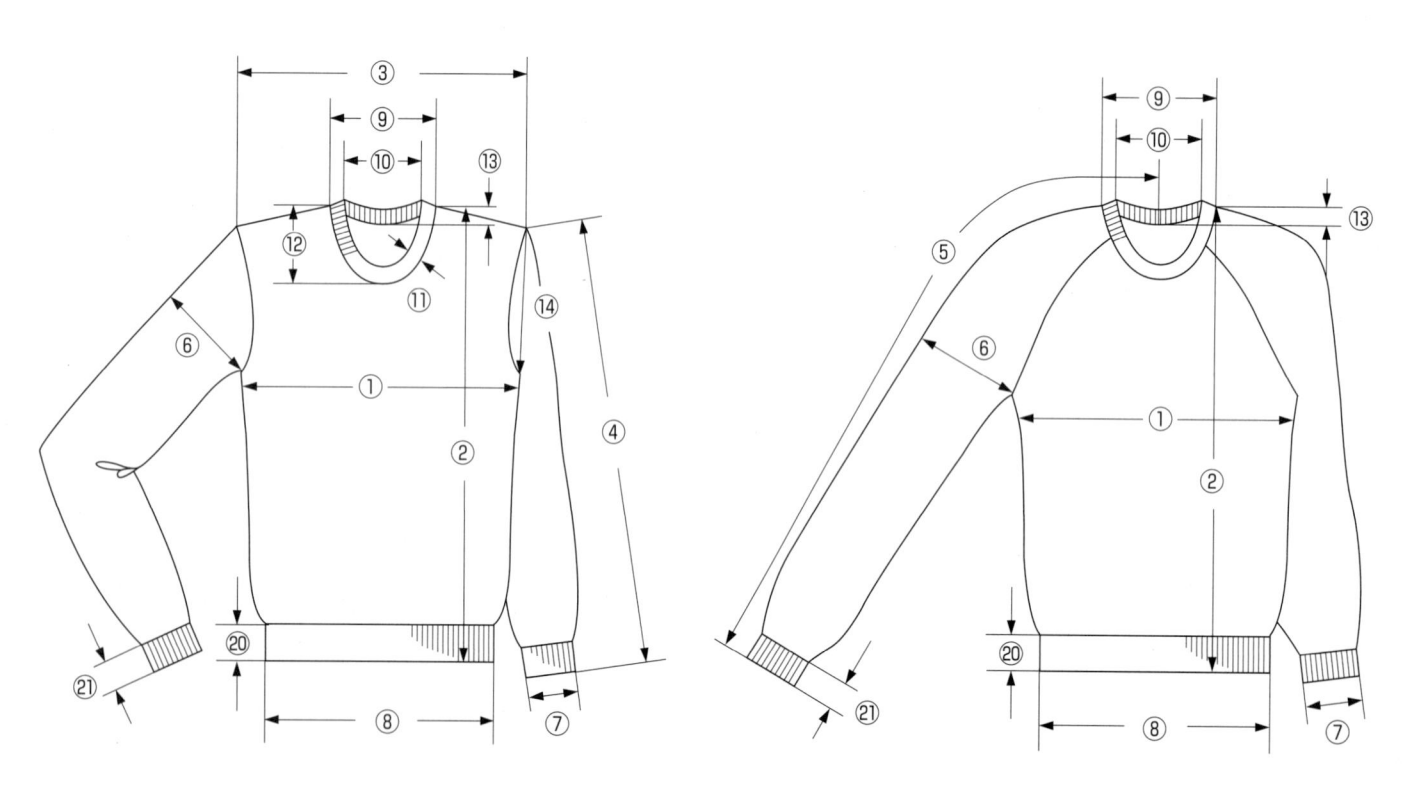

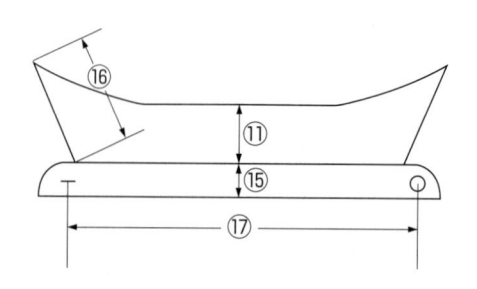

3 ポロシャツ

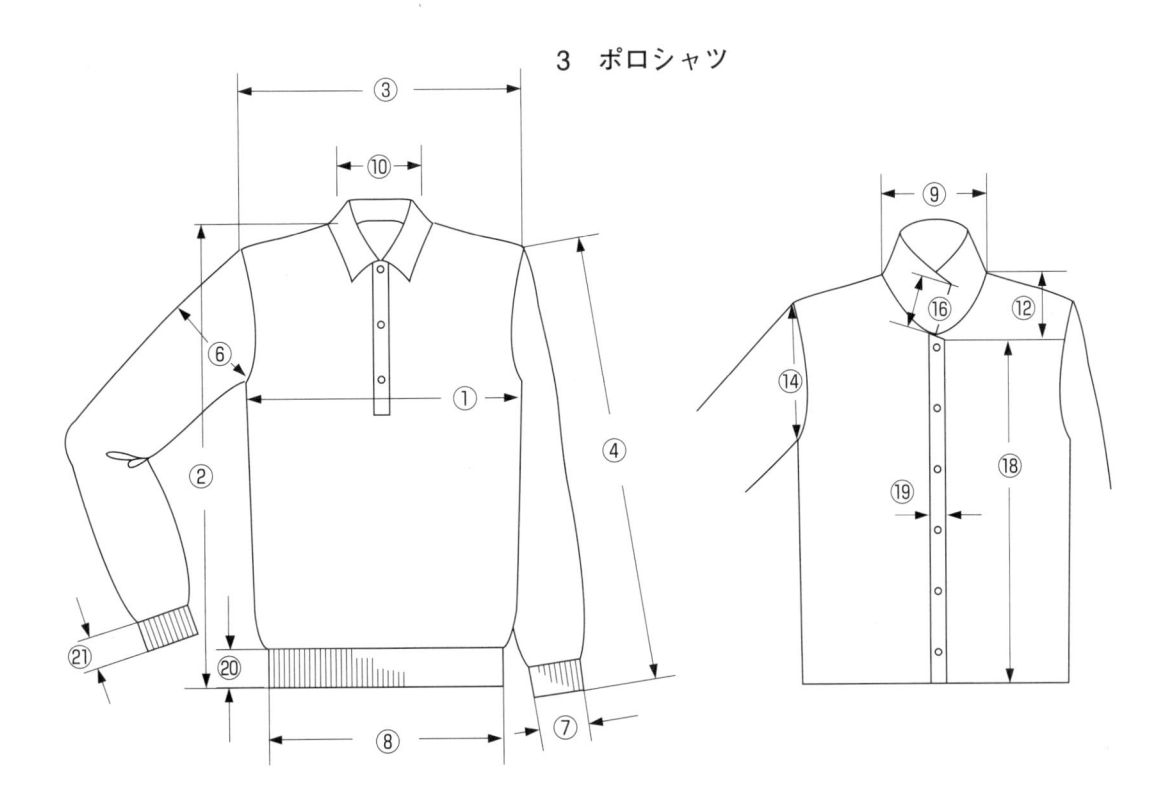

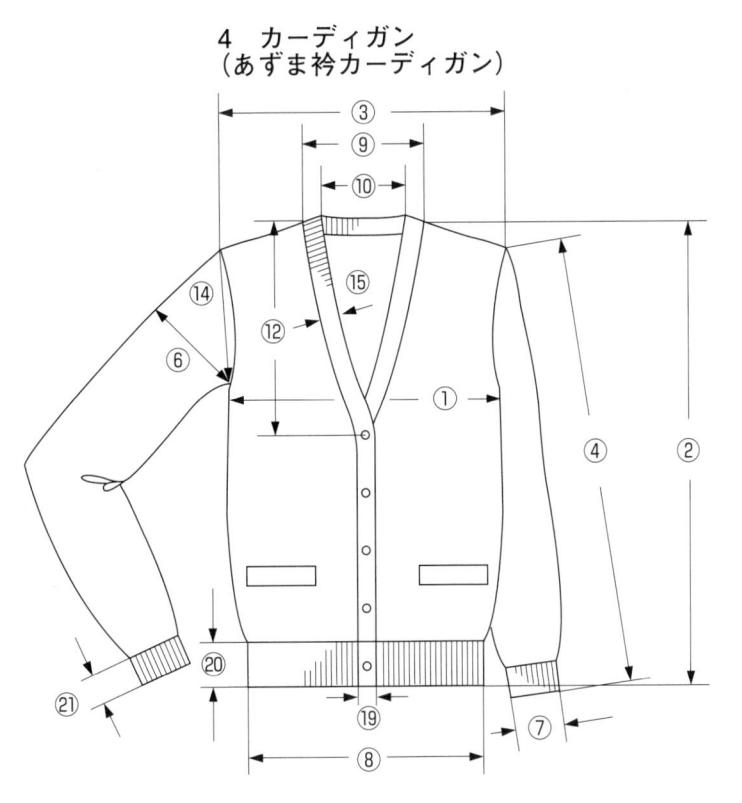

4 カーディガン
（あずま衿カーディガン）

②**指示書**

　商品を製造するにあたり、発注側は製造者側に製品の意図を伝え、確認し合わなければならない。各会社により、指示書・仕様書・製造依頼書などと呼ばれているが、いずれもサンプルおよび、量産商品をスムーズに製造するために必要な書類である。これらの書類により（以後、指示書）発注者側と製造者側は、各サイズ・色指示・縫製方法・付属の詳細などを伝え、確認し合い製造する。指示書とは、必要事項を簡潔に、誰が見ても理解できる書類でなければならない。そのためには、発注者側と製造者側に基本的な約束事（技術面など）の共通認識が必要となる。いかに早く正確に発注者側と製造者側の意思の疎通をはかり、業務を進めることによって、生産効率を向上させることができる。

第9章　ニット製品のまとめと仕上げ　119

ニット指示書　ブランド：　　　　　　　　　　　年　月　日

メーカー			デザインNO	品名		カラー		G	A	B	C	D	E
G			品番					1st	1st検品	2nd	2nd検品	FINAL/M	FINAL/L
編地							指示サイズ						
素材			★説明★			A	着丈						
番手						B	身巾						
						C	肩巾						
						D	裾巾						
						E	天巾						
						F	前衿下がり						
						G	後ろ衿下がり						
						H	衿巾						
						I	前立て巾						
						J	袖丈						
						K	AH						
						L	袖巾						
						M	袖口リブ巾						
						N	袖口リブ丈						
						O	裾リブ丈						
						P	裄丈						
						Q	ウエスト						
						R	肩下がり						
						S							
						T							
						日付							
						付属							

※各会社により指示書の様式は異なるが記入事項はほぼ共通である

ニット指示書　ブランド：　　　　　　　　　　　　　年　月　日

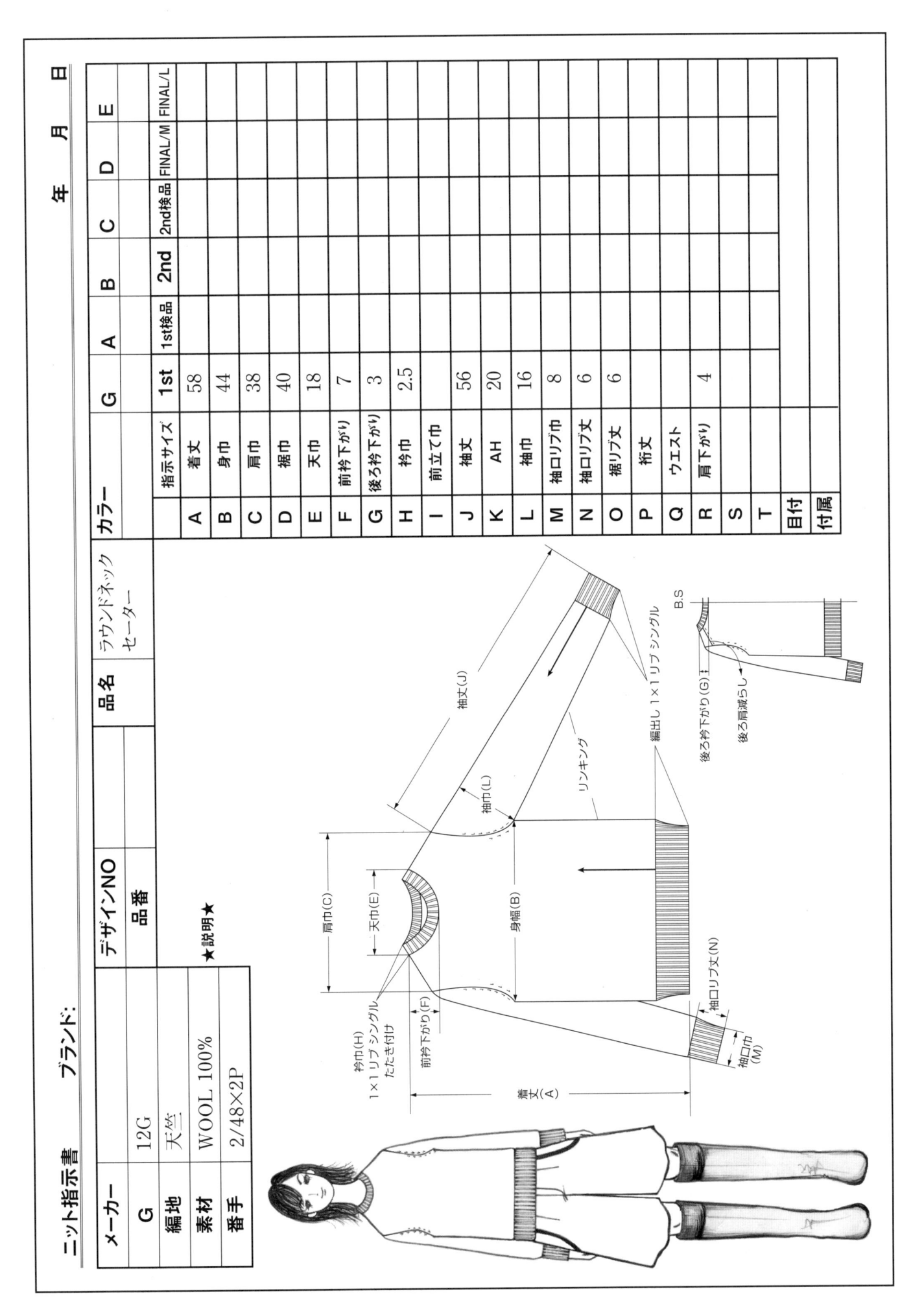

メーカー	デザインNO	品名					年　月　日
G	品番	ラウンドネックセーター					

編地	12G
素材	天竺
番手	WOOL 100%
	2/48×2P

★説明★

カラー		1st	A	B	C	D	E
	指示サイズ	1st	1st検品	2nd	2nd検品	FINAL/M	FINAL/L
A	着丈	58					
B	身巾	44					
C	肩巾	38					
D	裾巾	40					
E	天巾	18					
F	前衿下がり	7					
G	後ろ衿下がり	3					
H	衿巾	2.5					
I	前立て巾						
J	袖丈	56					
K	AH	20					
L	袖巾	16					
M	袖口リブ巾	8					
N	袖口リブ丈	6					
O	裾リブ丈	6					
P	裄丈						
Q	ウエスト						
R	肩下がり	4					
S							
T							
目付							
付属							

第9章　ニット製品のまとめと仕上げ

3） 製品のクレームと品質表示

　クレームは購入者の製品に対する品質の理解不足や、取り扱い方法の誤りなどによって引き起こされることが多い。これらを未然に防ぐために、品質表示や取り扱い表示、デメリット表示などで購入者に注意を促す必要がある。詳しくは服飾関連専門講座②『アパレル品質論』参照。

①クレーム事例

　クレーム事例を大きく分けると下記のようになる。
- 外観・形態の変化に関するもの（糸・編地の不良・染色・整理仕上げ・加工・キズ・寸法の変化・収縮・伸び・斜行など）。
- 色の変化に関するもの（染色堅牢度など）。
- 縫製に関するもの（リンキングの目落ちや糸切れ、付属品不良など）。
- 衛生や安全に関するもの（ホルムアルデヒドなどの化学薬品・針・虫・かびなど）

に分けることができる。

　クレームの原因は一つの要因だけではなく、複数の要因が重なり起こる。
　ここではニット製品に多いクレーム事例について取り上げる。

1. ニット製品のねじれ

製　品	①半袖シャツ　②サマーセーター
素　材	①綿　　　　　②綿
状　況	①Tシャツを1回着用後、洗濯したところ脇線が曲がってしまった。 ② 横編サマーセーターを縫製したところ、ストライプ部分の編目が斜めに曲がってしまった。
解　説	ねじれの許容範囲は一般的に5％以内で、事例①は14％であり、着用感も外観も悪い。編地のねじれはニット特有のもので、双糸より単糸使いの方がなりやすい。単糸の場合には右撚りと左撚りの糸を交互に給糸するとよい。また、②のように双糸でも下撚りと上撚りのバランスが悪いとねじれが出るのでセット性のよい素材を選択する必要がある。

2. セーターのファスナー現象

製　品	アンサンブルセーター
素　材	ウール60％、アンゴラ40％
状　況	2回しか着用していないアンサンブルの半袖セーターとカーディガンの左脇部分がくっついてしまった。
解　説	アンゴラはウールに比べ、クリンプがなく、抜けやすい。クレーム品は、着用時に生地同士が擦られることで、生地表面が毛羽立ち、アンゴラは抜けて、これとウールの繊維がからみ合って湿気によりくっついたと考えられる。

3. 漂白剤によって生じた混紡ニット製品の部分的な透け

製　品	ニット体操着
素　材	綿・アクリル混紡
状　況	綿・アクリル混紡ニット体操着の生地が、洗濯を繰り返していたら部分的に薄くなって透けた箇所が生じた。
解　説	高濃度の塩素系漂白剤を振りかけ放置したか、鉄サビ等が付着したものを酸素系漂白剤で高温漂白した可能性が考えられる。漂白剤によって綿繊維側に脆化が生じ、この脆化した綿繊維が着用・洗濯の繰り返しによって脱落したものと考えられる。

4. モール糸使いのセーターの花糸の脱落

製　品	婦人用セーター
素　材	アクリル（モール糸）
状　況	モール糸使いの婦人用セーターを着用したところ、脇裾部分が透けてしまった。
解　説	モール糸は芯糸に花糸（パイル糸）をはさみ込んだ構造で、一般的にはこれを熱融着して脱落を防止している。しかし、風合いを重現するために熱融着をしていないものもあり、このような製品では着用中の摩擦により花糸の脱落が発生する。

5. モールヤーン製品の糸の飛び出し

製　品	マフラー
素　材	アクリル（モール糸）
状　況	マフラー全体にモール糸が引き出され、ループ状になった。
解　説	モール糸は直立した花糸（パイル糸）をもっている。花糸には方向性があり、着用時に一度飛び出すと戻らない性質をもっている。

6. ピリング

製　品	セーター
素　材	毛・アクリル
状　況	長期にわたって着用したセーターの身頃脇下・袖下にピリングが発生した。
解　説	ニットは素材によって編地に摩擦が加わると毛羽が発生すると考えられる。天然繊維や再生繊維は毛羽が擦り切れて編地から脱落するが、毛や化繊は毛羽が擦り切れないでからみ合い毛玉が発生する。毛玉をピルと呼び、ピルを生じる状態をピリングという。撚りの甘い素材に多く発生する。

7. アンゴラの抜け毛

製　品	セーター
素　材	アンゴラ・毛
状　況	着用時にセーターの抜け毛が多く、他の衣料に付着する。
解　説	アンゴラはウールに比べ、クリンプがなく、からみにくく、毛が抜けやすい。摩擦や静電気により、毛抜けが発生しやすいことを理解したうえで着用する。

※1～4の事例は都立産業技術研究所発行　繊維技術ハンドブックより抜粋

②ニットで使用される品質管理・注意事例

繊維製品の品質マーク表示例

実施団体	マーク名	趣旨	表示対象品目
(オーストラリアン・ウール・イノベーション)	ウールマーク (WOOLMARK)	1964年、主要産毛国の出資金をもとに、IWS国際羊毛事務局が純毛製品であることが一目でわかるように設定した繊維製品で最初の品質証明マーク。新毛99.7%以上の使用が世界共通の基準で、対象商品ごとにきめの細かい品質基準・試験方法が設定されている。アパレル、インテリア・テキスタイル商品が主だが、製品ケアを目的とした非ウール商品まで使用が認められている。	新毛99.7%以上使用の糸、布帛、紳士服、婦人服、子供服（学生服を含む）、ニットウェア、ユニフォーム、アクセサリー類、オムツカバー、手編み毛糸、肌着、靴下、ふとん、毛布、カーペット、家具用布帛、シープスキン、中性洗剤、柔軟剤、防虫剤、漂白剤、電気洗濯機
	ウールマークブレンド (WOOLMARK BLEND)	素材の多様化に対応して他繊維の使用を認めたウールマークの姉妹ブランド。1971年に設定された。現在の混用率は新毛50%以上。ただ、純毛製品が明らかに優秀と認定される商品には認められていない。なお新毛30〜50%商品に設定されていたウールブレンド(WOOL BLEND)は2009年12月15日限りで撤廃される。	新毛50%以上使用の糸、布帛、紳士服、婦人服、子供服（学生服を含む）、ニットウェア、ユニフォーム、サポーター、肌着、靴下、ふとん、カーペット、家具用布帛
(財)日本綿業振興会	ジャパンコットンマーク (ピュア・コットン・マーク)	日本国内で製造加工された高品質の素材を使用した商品のみにつけられるマーク。 基本素材が綿100%の商品が対象。	日本国内で製造した素材（原糸・生地）を使用した二次製品（衣服全般・インテリア）、手芸用加工糸・家庭縫製用生地
	ジャパンコットンマーク (コットン・ブレンド・マーク)	基本素材が綿混率50%以上の商品が対象。	

実施団体	マーク名	趣旨	表示対象品目
(財)日本綿業振興会	コットンUSAマーク	COTTON USA マークは、1989年に設立され、アメリカ綿50％以上を含む高品質のコットン100％の商品だけにつけられる信頼のマークとして定着している。 COTTON USA マークは、CCI が1989年より新たにシンボル・マークとして設定したもので、このマークを適格な綿製品に添付し、その宣伝を大規模に行なうことにより、綿製品の販売促進をはかろうとするもので、アメリカ綿を50％以上使った綿100％の商品が対象但し、機能性付加のため5％まで他の繊維の使用を認める。	Tシャツ、トレーナー、肌着、タオル、寝具、綿糸など
協同組合 西印度諸島海島綿協会 (WISICA Japan)	海島綿 (シーアイランドコットン)マーク	カリブ海のごく限られた地域でのみ産出された海島綿は現在栽培されている綿糸の中では最高級品とされている。 古くから英国王室に愛用されてきたが日本では(協)西印度諸島海島綿協会の管理のもと、製品化されている。海島綿の商品はいずれも、それが世界最高級の綿を使用して、厳格な品質・縫製管理基準のもとに作られたことを証明する「西印度諸島海島綿」の商標とロゴマークがつけられている。	紳士服、婦人服、新生児ウェア、肌着、ニット製品、靴下、タオルなど
NPO法人 日本オーガニックコットン協会 (JOCA)	オーガニックコットンマーク (オーガニックピュア)	オーガニックコットン(有機栽培綿)とは3年間農薬や化学肥料を使用していない農地で、農薬や化学肥料を使わないで生産された綿花をさす。オーガニックコットンを100％使用した素材、製品が対象。環境に低インパクトの一定の条件下での加工による染色やプリントを認める。	衣料全般、新生児ウェア、綿糸、生地、タオル、寝具、インテリア、雑貨など
	オーガニックコットンマーク (オーガニックベーシック)	オーガニックコットン60％以上使用した素材、製品が対象。化合繊は10％以内とし、毛・麻・絹・通常綿の混用を認める。また、環境に低インパクトの一定の条件下での加工による染色やプリントを認める。	

第9章 ニット製品のまとめと仕上げ

ここではニット製品に多く使用される表示例を取り上げる。

取扱い表示注意例

ニット製品
取り扱い上のご注意

1. 家庭洗濯をされる時は液温30℃の洗液で、単独で押し洗いをおこない脱水後、形を整えてから日陰干しをして下さい。
2. 長時間洗液に浸しておいたり、濡れたまま放置しますと色泣きしたり、変色を起こします。
3. ニット商品は洗濯によって収縮をおこします。特に家庭用乾燥機を使用しますと異常収縮を起こす危険がありますのでお避け下さい。
4. 洗濯、乾燥後のアイロン仕上げは収縮部分をのばして形を整えながらセットして下さい。

ベロア製品
取り扱い上のご注意

この製品は特有な光沢や風合いをもったベロア生地を使用しております。大変デリケートな性質があり、着用中の摩擦により下着などに毛羽が付着することがありますが外観への影響はありません。下着などに付いた毛羽はブラッシングで簡単にとれます。

モール糸使用品
取り扱い上のご注意

モール糸は糸自身が太く、組織も粗くなるため、糸が浮いたり、ものに引っかかったりすることがありますので、次の点にご注意下さい。
1. 着用事、ベルト、バックや周囲のものとの摩擦や引っかかりに気をつけて下さい。
2. クリーニングの際は、クリーニング店へ、モール糸のため、他の商品との引っかかりに注意して頂く様、ご提示下さい。
3. 万一、糸が浮き出た時は、その部分を中央にして、両手で生地をたて、よこ、斜めに引張り、その糸を徐々に引込めるか、裏側に引張って下さい。

ラメ糸使用品
金属糸・スリット糸（ラメ糸）使用製品の
お取り扱いおよび保存上の注意

1. 人体の汗、飲料物などの付着物は変色の原因となりますので、すみやかに除去してください。
2. 充分乾燥させてから厚目の袋に入れて保存してください。
3. 温度の高い場所での保管は避けてください。
4. 2種類以上の防虫剤を使用すると変色の原因となることがあるので避けてください。
5. 指輪・時計・ネックレスなどはほつれ糸の原因になりますので、着用後にお付けすることをおすすめします。

※日本化学繊維協会より

参考文献
『横編技術入門』江尻久治朗著、1970 発行　（株）センイ・ジヤァナル

取材協力
（株）島精機製作所
ストールジャパン（株）

協力
独立行政法人中小企業基盤整備機構

監修

文化ファッション大系監修委員会

大沼　聡
田中　源子
松谷美恵子
相原　幸子
野中　慶子
鈴木　洋子
平野　栄子
深澤　朱美
石井　雅子
川合　直
瀬戸口玲子

執筆

八木原弘美
小林　桂子
下村みち代
御田　昭子

執筆協力

及部　圭一

表紙モチーフデザイン

酒井　英実

写真

藤本　毅
林　敦彦

文化ファッション大系 アパレル生産講座 ⑮
工業ニット
文化服装学院編

2010年4月2日　第1版第1刷発行
2023年2月6日　第3版第5刷発行

発行者　清木孝悦
発行所　学校法人文化学園 文化出版局
〒151-8524
東京都渋谷区代々木3-22-1
TEL03-3299-2474(編集)
TEL03-3299-2540(営業)
印刷所　株式会社 文化カラー印刷

©Bunka Fashion College 2010　Printed in Japan

本書の写真、カット及び内容の無断転載を禁じます。

・本書のコピー、スキャン、デジタル化等の無断複製は著作権法上での例外を除き、禁じられています。本書を代行業者等の第三者に依頼してスキャンやデジタル化することは、たとえ個人や家庭内の利用でも著作権法違反になります。
・本書で紹介した作品の全部または一部を商品化、複製頒布することは禁じられています。

文化出版局のホームページ　https://books.bunka.ac.jp/